支撑液膜
——化学原理及应用

何鼎胜　马忠云　马　铭　编著

化学工业出版社
·北京·

《支撑液膜——化学原理及应用》对在传统的萃取分离单元操作的基础上形成、发展起来的支撑液膜分离技术的基本概念、分离原理、过程特征、实验技术和应用做了重要阐述。尤其对制约支撑液膜发展应用的膜稳定性这一难题从不同角度进行了分析，并用一章的篇幅阐述量化计算在液膜萃取研究中的应用，从微观的角度深入揭示了支撑液膜膜相中各种成分的相互作用及对液膜萃取特性、膜稳定性、支撑液膜迁移溶质规律的影响，为想了解正在发展中的支撑液膜分离技术的读者提供全面而梗概的认识。

本书可作为高等院校化工、资源循环与再利用、环境保护、生物化工、催化、湿法冶金、制药等专业师生的教学参考书，也可供从事分离过程研究的工程技术人员参考。

图书在版编目（CIP）数据

支撑液膜：化学原理及应用/何鼎胜，马忠云，马铭编
著. —北京：化学工业出版社，2019.9
ISBN 978-7-122-34726-8

Ⅰ. ①支… Ⅱ. ①何…②马…③马… Ⅲ. ①液膜分离
技术-研究 Ⅳ. ①X832

中国版本图书馆 CIP 数据核字（2019）第 122768 号

责任编辑：朱理 杨菁 闫敏 　　　　　　　　文字编辑：汲永臻
责任校对：王鹏飞 　　　　　　　　　　　　装帧设计：张 辉

出版发行：化学工业出版社（北京市东城区青年湖南街 13 号　邮政编码 100011）
印　　刷：三河市航远印刷有限公司
装　　订：三河市宇新装订厂
787mm×1092mm　1/16　印张 9½　彩插 2　字数 220 千字　2019 年 9 月北京第 1 版第 1 次印刷

购书咨询：010-64518888 　　　　　　　　　　售后服务：010-64518899
网　　址：http://www.cip.com.cn
凡购买本书，如有缺损质量问题，本社销售中心负责调换。

定　　价：48.00 元

前　言

　　液膜技术是一种新兴的节能型的分离技术。含载体的促进传递的支撑液膜，具有生物膜的能动输送功能，因而赋予支撑液膜高选择性、高渗透性、高分离效率的特点。和乳状液膜相比，支撑液膜不使用专用表面活性剂，不需制乳和破乳设备及操作，萃取剂用量更少，操作费用低，已在许多领域内显示出发展潜力和工业应用的前景。但是支撑液膜的不稳定性引发的液膜相流失和膜寿命短，构成了支撑液膜至今仍未能工业化应用的瓶颈。国内外已出版的乳状液膜专著和有关膜手册、膜专著中支撑液膜所占篇幅有限，而且至今少有支撑液膜的相关著作出版，而支撑液膜本身的特点又使得支撑液膜的发展潜力、发展空间比乳状液膜要大，易于和微观结构分析结合去探讨其中的规律性并促进计算化学在分离科学领域的应用。为了对支撑液膜的理论和实践展开充分的深度分析，笔者编著了本书。

　　本书是笔者所在的课题组从无机化学、界面与胶体化学、物理化学、有机化学、配合物化学、量子化学等学科出发，对支撑液膜涉及的化学问题进行多角度长期研究的总结。相关研究曾获得了有意义的结论并公开发表过论文。本书从理论上深化了对支撑液膜分离技术的认识，为克服支撑液膜不稳定性这一障碍，推进和加快支撑液膜的工业应用步伐提供了有价值的参考。同时，课题组还研制、改进了一些测量仪器及技术，这对于从事理论研究和化学实验都有一定的使用价值。

　　本书由何鼎胜、马忠云、马铭编著。第 1 章由马忠云编写，第 2 章由马忠云、何鼎胜编写，第 3 章和第 7 章由马铭、何鼎胜编写，第 4 章～第 6 章由何鼎胜编写，全书的统筹定稿、文字润饰、图表编辑由何鼎胜完成。本书部分文献的电子版由马忠云提供。书稿的校对由何鼎胜、马忠云、马铭完成。

　　本书由湖南师范大学化学生物学及中药分析教育部重点实验室、植化单体开发与利用湖南省重点实验室、湖南师范大学化学学科建设经费资助出版。

衷心感谢华南理工大学环境工程学科博士导师张秀娟教授，是她精心的培养和指导引领笔者步入液膜科学研究的殿堂。

美国 North Carolina 大学的刘述斌博士在湖南师范大学化学化工学院为研究生讲授"高斯软件及应用"时，笔者有幸参与该课程的学习，特此致谢。

由于笔者学术水平和研究实践所限，书中难免存在疏漏和不当之处，希望专家、同行、广大读者不吝赐教和斧正。

何鼎胜

目　录

第1章　液膜概述

1.1　引言

液膜（liquid membrane）作为一种分离手段是从 20 世纪 60 年代发展起来的。R. Bloch 等采用支撑液膜研究了金属提取过程[1]。W. J. Ward 和 W. L. Robb 利用支撑液膜研究了 CO_2 和 O_2 的分离[2]。黎念之（Norman N. Li）博士在 1968 年用 du Nuoy 环测定含表面活性剂水溶液与有机溶液之间的界面张力时，观察到了相当稳定的界面膜，并首次提出了乳状液膜分离技术，从而推动了利用表面活性剂及乳状液膜进行分离的研究进展[3]。

目前，在广泛深入研究的基础上，液膜分离技术在湿法冶金、石油化工、核化工、废水处理、气体分离、有机物分离、生物制品分离与生物医学分离等领域中，都显示了广阔的应用前景。

1.2　液-液萃取基本概念

萃取作为一种分离和提纯技术，在科学实验和生产实践中有着广泛的应用，已深入到无机化学、分析化学、环境化学、放射化学等学科以及冶金、原子能、制药、食品、石油、生物等领域。"萃"有聚集、聚拢之意，"萃取（extraction）"即为抽提精华。广义上讲，从液相到液相、固相到液相、气相到液相、固相到气相、液相到气相等的传质过程都可称为萃取。然而，通常情况下，"萃取"一词多指"液-液萃取"，即原本溶于一个液相中的某种或几种物质（简称为被萃取物），在用另一个新的液相与之接触并发生物理或化学作用后，使其部分地或全部地转入新液相的传质过程，称为"溶剂萃取"。例如，如果在含碘的水溶液中加入四氯化碳（CCl_4，一种有机溶剂）以后，由于碘在四氯化碳中的溶解度远大于它在水中的溶解度，原本溶于水的碘大部分将从水溶液中转移到四氯化碳中，这一过程就是典型的萃取过程。而固-液传质过程（如用白酒浸泡中药）则被称作"浸取（leaching）"更为合适，气-液传质过程（如氨气被水吸收成氨水）称为"吸收"，固-气和液-气传质过程称为"超临界流体萃取"，等等。

要实现物质的液-液萃取，要求相互接触的两种液体必须能够形成（连续的）两相。所谓"相"是指系统中化学成分均一、物理性质相同且以界面相互分开的组成部分，这就要求

图 1-1　萃取示意图

这两种液体必须是互不相溶（或只是部分互溶）的，有时也要求两相的密度差较大。如此，方能在它们充分接触、静置后形成分层的两个液相。如果这两个液相一个是水溶液，另一个是有机溶剂，则前者称为水相，后者称为有机相，如图 1-1 所示，这两个液相在萃取完成后便可通过分液漏斗进行分离。除此之外，在萃取时一般还要求目标物在新液相中的溶解度要大于在原液相中的溶解度（这是萃取的原理，也是萃取的驱动力），并且新液相与目标物或原液相（原溶液）互不发生化学反应。

在液-液萃取过程中，有一些常用的名词和参数。

（1）溶剂（solvent）　溶剂是指可以溶解固体、液体或气体等溶质的液体、气体或固体。原则上溶质、溶剂都可以为固体、液体或气体，但习惯上把气体和固体叫溶质，液体叫溶剂。在液-液萃取过程中，溶剂一般指可从原混合溶液中萃取可溶物质并构成连续相的液体。溶剂按化学组成分为有机溶剂和无机溶剂，有机溶剂的种类较多，如表 1-1 所列。无机溶剂常见的有水、液氨、液态二氧化碳、无机酸等。按与被萃取物有无化学作用，溶剂分为惰性溶剂和萃取溶剂。萃取溶剂是与被萃取物有化学结合而又易于构成新液相（有机相）的液态试剂。惰性溶剂与被萃取物没有化学结合，当惰性溶剂与萃取溶剂同时构成新液相（有机相）时，惰性溶剂也称为稀释剂。惰性溶剂与被萃取的物质虽然没有化学作用，但往往能改善萃取剂的物理性质，比如减小萃取剂密度和黏度，有利于两相流动和分离。

表 1-1　常用溶剂的理化参数[4,5]

名称	分子量	密度（25℃）/(g/mL)	黏度（20℃）/mPa·S	表面张力（20℃）/(mN/m)	水中溶解度（20℃）/(g/L)	毒性 LD₅₀①
水	18.01	0.997	1.005	72.58	—	—
民用煤油	200～250	0.800	0.8～1.6②	23～32	—	5000
磺化煤油	—	0.820	1.23～2.05②	—	—	—
二氯甲烷	84.93	1.325	0.425	28.12	20.0	1600
氯仿	119.38	1.492	0.563	27.14	8.0	695
四氯化碳	153.82	1.594	0.965	26.77	0.8	2350
甲苯	92.14	0.866	0.5866	28.53	0.5	636
十二烷	170.33	0.75	1.508	25.44	<1④	—
液体石蜡	—	0.85③	110～230	35.00④	—	—
乙酸乙酯	88.11	0.902	0.449	23.75	80.0	5620
正己烷	86.18	0.659	0.307④	17.90	—	28710
环己烷	84.16	0.779	0.888④	24.38④	—	12705
辛醇	130.23	0.827	8.93	26.06	—	—

① mg/kg 体重（大鼠经口）。

② 40℃。

③ 20℃。

④ 25℃。

（2）萃取剂（extractant）　与被萃取物有化学结合而又易溶于构成新液相（有机相）的

溶剂的试剂，称为"萃取剂"，萃取剂在室温下可以为固态和液态，所以萃取剂包括固态萃取剂和液态萃取剂，其中液态萃取剂也称为"萃取溶剂"。表 1-2 列出了一些常用的萃取剂。

表 1-2　几种常用萃取剂[6,7]

萃取剂名称	代号或缩写	在水中溶解度/(g/L)	使用情况
仲辛醇	Octanol-2 或辛醇-2	1.00	从 HCl 溶液中萃取 Tl(Ⅲ)、Fe(Ⅲ)、Au(Ⅲ)；从 H_2SO_4-HF 溶液中萃取分离 Nb-Ta；用作 P_{204} 和 N_{235} 的添加剂
磷酸三丁酯	TBP	0.38	在核燃料前、后处理及稀土、有色金属元素分离中广泛应用；用作 P_{204} 的添加剂
二仲辛基乙酰胺	N_{503}	—	从 H_2SO_4-HF 溶液中萃取分离 Nb-Ta；从 HCl 溶液中萃取 Ga、In、Tl(Ⅲ)、Fe(Ⅲ)、Au(Ⅲ)等；Re-Mo 分离；废水脱酚
二(2-乙基己基)磷酸	D_2EHPA-(或 HDEHP) P_{204}	0.02	在核燃料前、后处理及稀土、有色金属元素的分离中广泛应用
异辛基膦酸单异辛酯	P_{507}[HEH(EHP)]		用于稀土分组和重稀土分离
5,8-二乙基-7-羟基-十二烷基-6-酮肟	LIX 63	0.02	从氨溶液中萃取 Cu^{2+}
2-羟基-4-仲辛基氧-二苯甲酮肟	N_{530}	—	铜萃取剂，萃取酸度较宽
7-十二烯基-8-羟基喹啉	Kelex100		从较高酸度和较高浓度 Cu^{2+} 溶液中萃取 Cu^{2+}
三正辛胺(又称三辛胺)	TOA	0.3	用作贵金属萃取剂，对铀、钍等锕系元素有较好的萃取性能；也用于有机酸的萃取回收和废水处理
三异辛胺	TIOA	—	从氯化物溶液中萃取 U，分离 Co-Ni
三辛烷基叔胺	N_{235}(又称 7301)	0.01	用作稀贵金属的萃取或络合萃取法处理工业废水的萃取剂
氯化甲基三烷基铵	Aliquot 336 或 N_{263}	0.04	萃取 V、Nb
二苯并-18-冠醚-6	DB18C6	—	用于金属离子络合剂和相转移催化剂

（3）萃合物（extracted complex）　被萃取物与萃取剂结合而形成的化合物称为"萃合物"。

（4）萃取液（extract）与萃余液（raffinate）　经过萃取，富集了某种物质或几种物质的新液相，称为萃取液；经过萃取分离出某种物质或几种物质后残余的原液相，称为萃余液。

（5）分配比（distribution ratio）　在一定条件下，当达到萃取平衡时，被萃取物（A）在两相中的化学势相等时，被萃取的物质 A 在新液相中的总浓度 $c_{A(2)}$ 与在原液相中总浓度 $c_{A(1)}$ 的比值，称为分配比，也称为分配系数（distribution coefficient），用符号 D 表示，即：

$$D = \frac{c_{A(2)}}{c_{A(1)}} = \frac{[A]_2}{[A]_1} \tag{1-1}$$

在多数萃取体系中，被萃取物在两相中的存在形式不同，故而 $c_{A(1)}$ 与 $c_{A(2)}$ 均应采用所有各种化学形式的被萃取物 A 的总浓度。当达到萃取平衡时，每个相中各种化学形式的被萃取物的化学势也应相等。

对于萃取体系，D 是一个很重要的特性参数。D 越大，表明被萃取物 A 越容易从原液相进入新液相。萃取时如果各成分在两相溶剂中分配系数相差越大，则分离效率越高。

（6）分配平衡常数（partition equilibrium constant；partition coefficient）　在萃取体系中，如果被萃取物在两相中的存在形式相同，则在一定温度、压力下，当达到萃取平衡时，即被萃取物在两相中的化学势相等时，被萃取物在两相中的平衡浓度的比值为一常数，即：

$$\Lambda = \frac{[A]_2}{[A]_1} \tag{1-2}$$

式中，Λ 称为分配平衡常数，这一液-液分配平衡关系就是能斯特（W. H. Nernst）分配定理。保持 Λ 为一常数的条件，一是被萃取物在两相中的浓度较低，二是被萃取物在两相中的存在形式相同，没有离解、缔合、络合等反应存在。注意，这里的分配平衡常数 Λ 与前面的分配系数 D 是不同的。只有当被萃取物在两相中的存在形式相同时，Λ 和 D 才是相同的。例如，当 I_2 在 CCl_4 与 H_2O 之间分配时，有机相 CCl_4 中只含有 I_2，而水相中常存在 $I_2 + I^- \rightleftharpoons I_3^-$ 的化学反应平衡，因此含有碘元素的三种不同的化学存在形式 I_2、I^- 和 I_3^-，则在这种情况下的分配平衡常数 Λ 和分配比分别为：

$$\Lambda = \frac{[I_2]_{CCl_4}}{[I_2]_{H_2O}} \tag{1-3}$$

$$D = \frac{2[I_2]_{CCl_4}}{2[I_2]_{H_2O} + [I^-]_{H_2O} + 3[I_3^-]_{H_2O}} \tag{1-4}$$

可见二者是有明显差别的，只有当水相中只存在 I_2 这一种化学形式时，$\Lambda = D$。

（7）分离因子（separation factor）　在同一个萃取体系中，两种被分离的溶质 A 和 B 在同等条件下的分配比的比值，又称为分离系数，用符号 β 表示，即：

$$\beta = D_A / D_B \tag{1-5}$$

分离因子反映了两种被分离的溶质彼此分离的难易程度。

（8）相比（oil phase/aqueous phase）　即萃取体系中，有机相体积与水相体积的比值，用符号 α 表示。

（9）萃取率（percentage extraction）　即被萃取物 A 在有机相的量与在水相的原始总量之比，通常用符号 E 表示。E 与 D 的关系是：

$$E = D/(D + 1/\alpha) \times 100\% \tag{1-6}$$

从式(1-6)可见，E 的大小决定于分配比 D 及相比 α。D 越大，相比 α 越大，则萃取率越高；当相比为 1 时，E 值完全取决于 D 的大小。

液-液萃取过程通常是指从水相到有机相的传质过程。在被萃取的物质从水相进入有机相之后，如果再用另一个新的水相使被萃取的物质从有机相溶入其中，这一过程称为反萃取（stripping；back extraction），它可视为萃取的逆过程。反萃取时所使用的新水相溶液一般是不含被萃取物质的新鲜水溶液，称为反萃剂（stripping agent）。

近年来，液膜分离技术发展迅速，并得以广泛应用于金属离子的分离和提纯。它的分离机理是，溶液中的金属离子先与液膜中的萃取剂反应生成萃合物，这是萃取过程；然后又与液膜内包封的反萃取剂反应进入膜内部，这是反萃取过程。同一般的溶剂萃取法比较，液膜分离技术是一种萃取与反萃取过程在液膜的内外可以同时进行的新技术。

1.3 液膜体系概述

一般来说，膜是分隔液-液（或气-液、气-气等）两相的一个很薄的中介相（油相或水相），它是两相之间进行物质传递的"桥梁"。如果此中间相（膜相）是一种与被它分隔的两相（水相或油相）互不相溶的液体，则这种膜便称为"液膜"。液膜分离体系可视为由液膜相及它所分隔的料液相（或称外相、连续相）和接收相（或称内相、反萃相）组成的体系。

液膜分离过程与 1.2 节介绍的液-液萃取过程具有很多相似之处。二者都属于液-液体系的传质分离过程，而且由图 1-2 可知，液膜分离与溶剂萃取一样，都由萃取与反萃取两个步骤组成。但是，如图 1-2(a) 所示，溶剂萃取中的萃取与反萃取是分步进行的，它们之间的耦合是通过外部设备实现的。而如果将图 1-2(a) 中的油相的厚度逐渐缩小，直至几十微米，则这层极薄的油相便成了位于料液相与接收相之间的液膜。如图 1-2(b) 所示，萃取与反萃取分步发生在膜的左右两侧界面，溶质在料液相和液膜相的界面经萃取进入液膜相，并扩散到液膜相右侧，再被反萃取进入接受相，由此实现了萃取与反萃取的内耦合（inner-coupling）。液膜分离过程中这种萃取与反萃取的耦合，使得原本受到化学平衡限制的溶质萃取得以连续进行，可实现组分的"逆浓度梯度传递（up-hill）效应"，即将溶质从低浓度侧向高浓度侧传递[8]。因此，液膜分离过程具有非平衡传质的特性，这也是它最重要的性质。

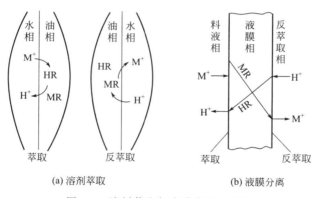

(a) 溶剂萃取　　　　　　(b) 液膜分离

图 1-2　溶剂萃取与液膜分离示意图

液膜分离体系以液膜相两侧的浓度差或者说界面上的化学势差异为驱动力，利用混合物中各组分在各相中的溶解度与扩散系数的不同，产生不同的渗透性质，致使各组分透过液膜的速率不同，从而实现分离、富集、提纯的目的。与传统的溶剂萃取相比，液膜的非平衡传质具有传质推动力大、所需分离级数少、试剂消耗少、液膜相可重复使用、可逆浓度梯度传递、耗能省、成本低、高效、快速、选择性好等优点[9]。但是，在多元组分的分离方面，液膜分离法尚不如溶剂萃取法，后者可以通过多级逆流萃取、溶剂洗涤与分级反萃取操作，实现组分之间的完全分离，而液膜分离过程的级联比较困难。此外，液膜分离的过程与设备较复杂，而且较难实现稳定操作，这都是由液膜分离过程本身的复杂性导致的困难。

1.3.1 液膜组成

液膜分离体系的组成通常指液膜（即膜相）的组成，主要包括膜溶剂和流动载体，乳状液膜还含有专用表面活性剂。膜溶剂构成膜基体，占液膜的90%以上；表面活性剂起乳化作用，它含有亲水基和疏水基，可以稳定膜形，促进液膜传质速率并提高其选择性，占1%～5%；在有载体输送的液膜中，流动载体用于提高膜的选择性，是实现分离传质的关键因素，占1%～5%；为增加液膜的稳定性和渗透性，有时还需加一些添加剂。

1.3.1.1 膜溶剂

膜溶剂是构成液膜的主要成分，很多用来萃取的溶剂可以作为液膜的膜溶剂。根据不同的分离体系及工艺要求，必须选择适当的膜溶剂。比如，分离烃类应采用水膜，常以水作为膜溶剂；分离水溶液中的重金属离子则用中性油、烃类等作为膜溶剂。

从实际应用考虑，制备液膜所用的溶剂首先应具备一般溶剂的特点，如化学稳定性好、水中溶解度低、与水相有足够的密度差、闪点高、毒性低、价格低廉、来源充足等。同时，膜溶剂必须具有一定的黏度才能维持液膜的机械强度，以免容易破裂，而且，膜溶剂与表面活性剂、流动载体以及载体与溶质形成的萃合物的相溶性能要好，不会形成第三相。

目前，国内广泛试验使用的膜溶剂有民用煤油、航空煤油、加氢煤油及磺化煤油，国外常用的膜溶剂有低臭味石蜡溶剂［LOPS（Exxon 公司）］、中性溶剂［S100N（Exxon 公司）、Shellsol T（Shell 公司）］等。

除此之外，近年来合成的一类新型化合物——离子液体（ionic liquid），也可用作液膜的膜溶剂（它也可作为流动载体）。它是完全由有机阳离子和有机或无机阴离子组成的盐，在室温或室温附近较宽的温度区间内保持液态，也称为室温离子液体、室温熔融盐、有机离子液体等。与传统的有机溶剂相比，离子液体具有独特的物理化学性质：①蒸气压极低，不挥发，在使用、储藏中不会蒸发散失，因此可减少因挥发而产生的环境污染问题，也可用在高真空体系中；②可操作温度范围宽（$-40\sim300℃$），具有良好的热稳定性和化学稳定性；③对大量无机和有机物质都表现出良好的溶解能力；④电导率高，电化学窗口大，可作为许多电化学研究的电解液；⑤通过不同阴阳离子的组合可调节离子液体的性质，例如密度、表面张力、黏度、溶解性，因此离子液体也经常被称为"可定制的或可调控的材料"。由于离子液体的这些特殊性质，它被认为是可替代传统挥发性有机溶剂的一种"绿色溶剂"，在溶剂萃取和液膜提取方面具有广阔的应用前景。例如，中国科学院兰州化学物理研究所邓友全等首次将离子液体应用到固-固分离领域中，他们以氯化二烷基咪唑［$(C_n mim)Cl$，$n=3\sim5$］离子液体作为分离牛磺酸和硫酸钠固体混合物的浸取剂，浸取得到的溶有牛磺酸的离子液体经乙醇离析后即可得到高纯度的牛磺酸，回收率可高达98.5%，此方法具有很大的应用价值[10]。

1.3.1.2 表面活性剂

液膜专用的表面活性剂是乳化液膜体系的关键组分之一。它不仅直接影响着液膜的稳定性、溶胀性能、液膜的破乳等，而且对渗透物通过液膜的扩散速率也有显著的影响。表面活性剂的加入能明显改变液体的表面张力和两相的界面张力，其 HLB 值（即亲水亲油平衡值）是能否促使液膜形成稳定乳状液的关键参数，通常油包水的乳状液选用 HLB 值为3.5～6的油溶性表面活性剂较为合适，而水包油的乳状液则宜选用 HLB 值为 8～18 的水溶性表面活性剂。另外，表面活性剂的不同类型对物质透过液膜的扩散速率存在不同的影响，

表 1-3 给出的是根据单滴法实验所测定的甲苯透过不同表面活性剂膜的扩散速率。

表 1-3　甲苯透过单一液滴上不同表面活性剂膜的扩散速率[11,12]

（水中表面活性剂浓度：质量分数 $w＝0.1\%$）

表面活性剂	扩散速率/[kg/(s·m²)]	表面活性剂	扩散速率/[kg/(s·m²)]
聚氧乙烯失水山梨醇酯	2.83×10^{-4}	聚乙烯醇	4.61×10^{-4}
烷基酚聚乙二醇醚	2.86×10^{-4}	十二烷基三甲基氯化铵	7.36×10^{-4}
皂角苷	3.36×10^{-4}	十二烷基磺酸钠	8.39×10^{-4}

表面活性剂的浓度对液膜的稳定性影响很大。一般表面活性剂的浓度与液膜的稳定性成正比，即浓度越大，液膜越稳定，但其浓度达到一定的值后，表面活性剂浓度的增加对液膜稳定性和分离效果提高的影响不大。而且过高的浓度反而使液膜厚度和黏度增大，影响液膜的渗透性和液膜相的传质系数。

制备液膜用的理想的表面活性剂应具备的条件是：①制成的液膜具有稳定性，耐酸碱且溶胀小，同时又容易破乳，使油相能反复使用；②不与膜相中流动载体反应或使流动载体分解，可以与多种流动载体组合起来；③价格低廉，无毒或低毒，能长期保存。

目前，可用于液膜体系的表面活性剂十分有限。Span-80（失水山梨醇单油酸酯）是最早用于液膜体系的油溶性表面活性剂，聚胺类表面活性剂是近年来研究和应用较多的一类液膜用表面活性剂。目前表面活性剂的品种、数量还不能满足液膜研究及应用的需要，性能也需要提高，继续研究液膜专用的表面活性剂仍具有重要意义。

1.3.1.3　流动载体

液膜分离实际上是一个萃取的过程。如使用有载体的液膜分离水中的金属离子时，膜相中加入的流动载体，一般从萃取剂中挑选。为达到特定的分离目的，选用适当的流动载体是提高液膜分离效率的重要措施。流动载体应该易溶于膜相而不溶于相邻的水溶液相，在膜的一侧与待分离的物质络合，传递通过膜相，在另一侧解络。流动载体的加入不仅能增加膜的稳定性，而且在选择性和溶质渗透速度方面起到十分关键的作用。较为理想的液膜用流动载体应满足以下基本条件：

① 选择性高。对几种待分离物质的分离因子要大。

② 萃取容量大。流动载体具有功能基团和适当的分子量。分子量过大，萃取容量就会减少，单耗就会增加。

③ 化学稳定性强。流动载体不易水解，不易分解，能耐酸、碱、盐、氧化剂或还原剂的作用，对设备腐蚀性小。

④ 溶解性好。流动载体及其萃合物易溶于液膜相的膜溶剂中，而不溶于内相和外相的水溶液中。

⑤ 适当的结合能。液膜相中的流动载体以能与溶质形成适当稳定的萃合物为宜。如果萃合物的结合能过大，那么它从液膜相的一侧扩散到液膜相的另一侧就较难解络。

⑥ 较快的萃取速率及反萃取速率。从动力学角度出发，所选流动载体及反萃剂要有较快的萃取及反萃取速率。另外，由于液膜体系中反萃取比表面积要比萃取比表面积大得多，因此，对于某些萃取速率快，但反萃取速率很慢的流动载体，在液膜体系中也能取得满意效果。

常用的溶剂萃取剂都可用作流动载体，如表 1-2 中所列。此外，离子液体在液膜体系中的应用，除了可以作为膜溶剂外，也可以作为流动载体。

1.3.2 大块液膜

按照构型和操作方式的不同，液膜分离体系主要有大块液膜（bulk liquid membrane，BLM）、乳状液膜（emulsion liquid membrane，ELM）和支撑液膜（supported liquid membrane，SLM）三大类。

大块液膜的构型最为简单，由料液相、膜（溶液）相和反萃取相三部分构成。它利用彼此隔开的料液相和反萃取相同时与膜溶液相接触（且互不相溶），使萃取与反萃取过程得以自相耦合（内耦合），在同一反应器内萃取与反萃取一步完成[13]。早期的此类构型的液膜，由于液膜相的体积较大（液膜相用量相对较大/较厚），故被称作"大块液膜"，而随着此液膜技术在分析化学中的应用，液膜相的体积已被不断减小至几百乃至几十微升，为了与乳状液膜和支撑液膜区分，我们仍称之为大块液膜[14]，有时也称作"内耦合大块液膜""厚体液膜"。

从组成来说，大块液膜通常为"水-油-水"体系，即液膜相采用有机相，它可以是单一的有机溶剂，也可以是含流动载体的有机溶液，类似于溶剂萃取中的有机相，不需加入表面活性剂（有时也可加入）、增稠剂等添加物[13]，近年来有文献报道用离子液体代替传统的有机溶剂作为膜溶剂，而料液相和反萃取相为水相，二者与液膜相互不相溶且被液膜相隔开。这类液膜体系广泛地用于金属离子的膜迁移过程的基础研究。与之相反，大块液膜也有少量"油-水-油"体系，采用水溶性液膜相，而料液相和反萃取相为有机相，这类液膜体系的研究主要集中于石化工业中芳烃和烷烃的分离[8]。

由于大块液膜体系的构型较为简单，这种液膜构型所需设备及其操作也简单，大多为基于"舒尔曼桥（Schulman bridge）"概念的分离装置（图 1-3）[15]及类似形式的各种简易迁移池，详情见第 3 章的介绍。这些装置也存在着一些不足，比如：料液相与反萃取相的体积大多是相等的，不利于目标离子富集倍数的提高；由于分离装置是连通的结构，不便于料液

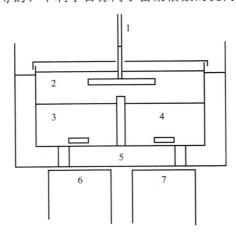
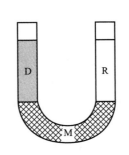

(a) 基于"舒尔曼桥"概念的分离装置
1—电动搅拌器；2—液膜相；3—料液相；
4—反萃取相；5—恒温水浴；6,7—磁力搅拌器

(b) U形管
D—料液相；R—接受相；M—液膜相

图 1-3　大块液膜实验装置

相、液膜相和反萃取相的改变或更换；反应中采用搅拌的方式，易造成液膜相与两水相发生部分乳化，导致实验无法得到好的实验数据，等等。在研究中，根据各项性质和分析目的的不同，可以对分离装置进行相应的改进[16]。

大块液膜有很多优点。由于其膜相相对较厚，各相之间的界面较为平稳，界面面积与流体力学条件恒定，迁移接近一种稳态过程，对获取传质过程的热力学及动力学数据有很强的优势[17,18]。除此之外，在对大块液膜进行研究的过程中，易于计算其传质面积，且操作简单，摒弃了很多其他复杂因素对传质的影响，如支撑液膜的支撑体、乳化液膜中的表面活性剂和增稠剂等添加物，及制乳、破乳烦琐的操作等。因此，大块液膜一般用于对液膜传质体系的评价及传质机理或特性的基础研究等[8]。在研究中也经常将大块液膜与乳状液膜或支撑液膜等液膜体系结合起来，通过对迁移条件、迁移规律等进行反复筛选、验证，为设计有实用工业价值的支撑液膜和乳状液膜提供重要理论依据。此外，大块液膜研究的分离体系（渗透物/渗透组分）主要为金属离子，文献报道涉及 30 余种，占大块液膜相关研究的 80%以上；其余的大块液膜相关报道是对氨基酸、抗生素、手性药物、芳香类化合物、酶类和阴离子等的分离的基础研究。

然而，这种液膜与乳化液膜和支撑液膜相比，其传质面积小，加之膜相较厚，在一定程度上导致传质速率慢，限制了载体的使用范围[14]。但由于这种液膜构型所需设备简单，液膜相容易回收且可反复使用，目前已经开始有许多结构改进的装置应用在基础研究方面[13]。

1.3.3　乳状液膜

乳状液膜是一种双重高分散乳状液体系，即"水-油-水"（W/O/W）体系或者"油-水-油"（O/W/O）体系。乳状液膜技术是将接受相与其不互溶的液膜相制成乳状液，然后将其分散到连续料液相中进行传质的液膜技术。目前，绝大多数乳状液膜的应用都使用"水-油-水"液膜体系，其中在膜相中往往添加一定量的表面活性剂以增强乳状液膜的稳定性。乳状液膜通常采用机械搅拌或超声的方式进行制乳，传质过程结束后可采用化学或物理方法破乳，因此液膜相可以反复使用。

乳状液膜具有两相接触面积大、分离速度快、分离效率高、选择性强、工艺流程简单、成本低、适用性强等特点，使得它在工业、农业、食品行业、医药以及废水处理等领域有着广泛的应用前景。但由于乳状液膜的液膜相中包含表面活性剂等添加剂，会造成制乳与破乳操作过程的相互矛盾。而且，由于在操作过程中，乳状液膜将发生渗透溶胀和夹带溶胀，对内相中已浓缩溶质进行稀释。这些缺点阻碍了乳状液膜的工业化进程。目前，这些阻碍乳状液膜工业化应用的障碍在广大研究人员的努力下，已初步克服，有兴趣的读者可参看有关文献和专著。

1.3.4　支撑液膜

支撑液膜技术是将在微孔中吸附液膜相的支撑体置于料液相与反萃取相之间，待分离溶质自料液相经多孔支撑体内液膜相向反萃取相传质的液膜技术。支撑液膜主要有两种结构形式，一种是浸渍式支撑液膜，另一种是隔膜式液膜或者封闭式液膜，如图 1-4。其中浸渍式支撑液膜所需的膜液量极小。目前常用的多孔支撑体材料有聚乙烯（polyethylene，PE）、聚丙烯（polypropylene，PP）、聚四氟乙烯（polytetrafluoroethylene，PTFE）、聚砜（polysulfone，

PSF/PSU)、聚碳酸酯（polycarbonate，PC）、醋酸纤维素（cellulose acetate，CA）等。根据支撑体的形状，支撑液膜分为平板式支撑液膜（flat sheet supported liquid membrane，FS-SLM）、卷包型支撑液膜和中空纤维支撑液膜（hollow fiber supported liquid membrane，HF-SLM）三大类。

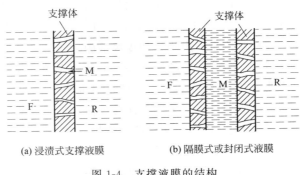

(a) 浸渍式支撑液膜　　　　　(b) 隔膜式或封闭式液膜

图 1-4　支撑液膜的结构

F—料液相；M—液膜相；R—接受相

表 1-4 和表 1-5 列举了少数几种平板支撑体和中空纤维管支撑体的物理参数。由于液膜相浸润在多孔支撑体上，可以承受较大的压力，因此膜两侧的操作弹性相对较大。此外，支撑液膜分离过程具有渗透通量高、选择性好和有机相用量少等优点，因此得到了广泛的研究和应用。而且，随着中空纤维膜器（hollow fiber contactor，HFC）的出现，使得支撑液膜技术具有了更大的商业应用前景。中空纤维膜器可提供巨大的传质比表面积，而且可以非常容易地通过并联或串联将 SLM 传质过程进行放大，因此 SLM 技术得到了更多实际应用的研究。

表 1-4　一些商业平板支撑体的物理参数[19]

商业名称	材料	制造商	厚度/μm	孔隙率/%	微孔尺寸/μm
Celgard 2400	PP	Celanese	25	38	0.02
Accurel	PP	Enka	100	64	0.10
Duragard 2500	PP	Polyplastics	25	45	0.04
FP-DCH	PTFE	Flow Lab.	150	80	0.45
Fluoropore FG	PTFE/PE	Millipore	60/115	70	0.20
Nucelopore	PC	Nucelopore Corp.	10	12	0.40

表 1-5　一些商业中空纤维管支撑体的物理参数[19]

商业名称	材料	制造商	内径/mm	厚度/μm	孔隙率/%	微孔尺寸/μm
Gore-tex TA001	PTFE	Gore	1.00	400	50	2
Trial manufacture	PE	Ashai	280	0.05	—	—
KPF-190M	PP	Mitzubishi Rayon	0.20	22	45	0.16
EHF-207T	PE	Mitzubishi Rayon	0.27	55	70	0.27

然而，由于支撑液膜的膜液是通过表面张力和毛细管作用吸附于支撑体微孔之中，在使用过程中，膜液会逐渐流失，从而使支撑液膜的传质性能不断下降，造成 SLM 不稳定甚至

液膜相失去分隔料液相和反萃取相的作用，两水相发生"贯通"，整个 SLM 分离和富集失败。这些缺陷阻碍了 SLM 技术的发展和工业化推广。

E. Miyako 等报道，应用离子液体支撑液膜并利用双脂肪酶对液膜界面反应的催化促进作用，实现了异丁苯丙酸的立体选择性迁移[20]。而这种离子液体支撑液膜体系具有良好的选择性、高萃取效率、高耐用性、热稳定性等优点。但离子液体支撑液膜的长期稳定性、可回收性、毒性、水溶解性降低、水对传质性能的影响、生产成本等方面仍需更多的研究。这说明 SLM 新构型的探索有很多研究工作要做。

1.4　支撑液膜构型的探索

针对乳化液膜和支撑液膜分离存在的问题，研究者们还在不断探索新的液膜构型，比如，具反萃分散的支撑液膜、流动液膜（包容液膜）、液体薄膜渗透萃取、静电式准液膜等，下面将分别简要介绍。

1.4.1　反萃取相预分散支撑液膜和料液相预分散支撑液膜

为了克服支撑液膜的不稳定问题，W. S. Winston Ho 等发展了反萃取相预分散支撑液膜（support liquid membranes with strip dispersion，SLMSD，或称为"反萃取相预分散液膜"）[21,22]，该技术通过给支撑体提供稳定的有机膜相，以确保液膜的长期稳定性。其装置如图 1-5 所示。当使用疏水性的微孔支撑体（典型的为中空纤维膜组件）时，反萃取相水溶液通过搅拌器被分散到有机膜液中，并被传输到支撑体的一侧（即在膜组件的壳程中循环流动），从而形成稳定的支撑液膜，同时水性的料液相持续流过支撑体的另一侧（即在膜组件的管程内循环流动），目标物质在料液相和液膜相界面通过液膜相中流动载体被萃取到液膜相溶液中，通过扩散，在反萃取相和液膜相界面再被反萃取进入接受相中。在最后回收目标物质的阶段，关掉搅拌器或使用沉降器（settler），静置分散液，很快出现两相，回收的目标物出现在反萃取相水溶液中。也可将料液相分散到有机膜液中，称为料液相预分散支撑液膜（supported liquid membranes with feed dispersion）[23]。

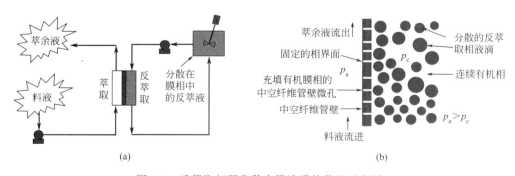

图 1-5　反萃取相预分散支撑液膜的装置示意图

反萃取相预分散支撑液膜与其他构型的液膜相比，有如下优点[24]：①在水相中没有乳状液生成；②工作过程中的工艺参数实用性强；③不必要进行相分离；④可采用紧凑型的模块化设备；⑤耗能低；⑥由于采用了中空纤维反应器，具有较大的比表面积。

1.4.2 流动液膜（包容液膜）

M. Teramoto 等在 1989 年设计了一种新的液膜体系构型，并命名为"流动液膜（flowing liquid membrane，FLM）"[25]。在这种液膜体系中，液膜相溶液被驱动在两张微孔膜形成的狭窄的夹层通道中流动，而这两张微孔支撑液膜又把液膜相与料液相和接受相分别隔离开来，所使用的膜器有板框式（plate-and-frame）和螺旋卷式（spiral-wound），见图 1-6(a)、（b）和（c）。FLM 首先被应用于从乙烷中分离乙烯、回收铬和锌及重金属离子等。

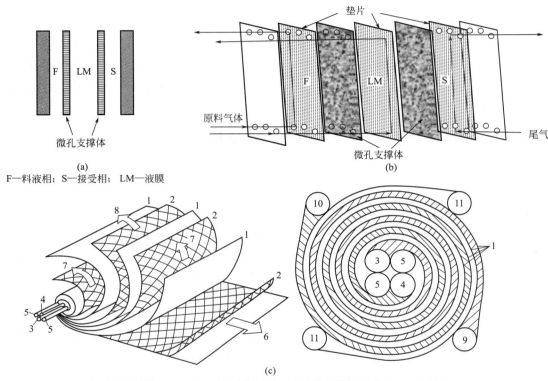

(a)

F—料液相；S—接受相；LM—液膜

(b)

(c)

1—疏水微孔支撑体；2—间隔网(防止液体短路，又起支撑水相腔室的作用)；3—料液入口；
4—反萃液入口；5—液膜有机相入口；6—料液；7—液膜有机相；8—反萃液；
9—料液出口管；10—反萃液出口管；11—液膜有机相出口管

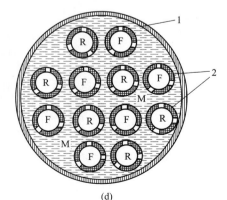

(d)

F—料液相；R—接受相；M—液膜相；1—外壳；2—支撑液膜

图 1-6 板框式 [(a)，(b)]、螺旋卷式 (c) 流动液膜和中空纤维包容液膜 (d) 的构型

另外，K. K. Sirkar 等在 20 世纪 80 年代末和 90 年代初，也发展了一种与 FLM 原理类似的称为"中空纤维包容液膜（follow-fiber contained liquid membrane，FFCLM）"的液膜体系构型[26]，它是由数以千计的两种不同的中空纤维管交错排列然后包装在一起构成的[图 1-6(d)]，膜液填注在中空纤维管外（部分膜液包含在壳层中），料液相和接受相在中空纤维的管腔内流动。

在流动液膜或包容液膜体系中，即使支撑膜微孔中的膜液溶解到料液相或接受相中，膜液可随时被补充到微孔中，而且不必停止液膜体系的操作就可进行液膜的再生，故而这种液膜比支撑液膜具有更好的稳定性。同时，螺旋卷式和中空纤维膜器的结构使单位体积的传质面积大为提高。但是，尽管这两种液膜体系中的液膜相可以流动，但进入支撑体微孔中的膜液仍然不能流动，这部分膜液承担着绝大部分的传质阻力，导致这类构型的液膜的传质通量较小。此外，这种液膜也存在所用膜器件制作难度大、膜孔道易沾污和易堵塞、膜液流失现象仍无法完全避免等缺点。

1.4.3　液体薄膜渗透萃取

液体薄膜渗透（liquid film permeation）萃取技术是在 1983 年由保加利亚学者提出的[27]。图 1-7 为该技术的工作示意图。若干亲水的固体支撑体被垂直地放置在充满有机液膜相 M 的装置中，工作时，料液相 F 与接受相 R 交错地沿着这些固体支撑体向下流动，并在各自的支撑体表面形成薄层水膜，同时用泵驱动有机液膜相 M 使其与料液相 F 和接受相 R 逆向流动。在这一构型的液膜体系中，由于水-油-水三相液体均处于连续流动状态，导致溶质的湍流扩散，因此其传质通量较高。

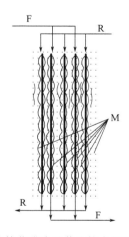

图 1-7　液体薄膜渗透萃取技术的工作示意图

F—料液相；R—接受相；M—液膜相

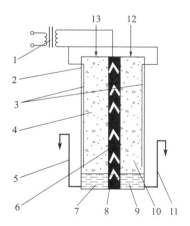

图 1-8　静电式准液膜体系装置的示意图

1—高压电源；2—反应槽；3—接地电极；4—萃取池；5—萃余液；6—挡板-电极；7—萃取澄清池；8—隔水板；9—反萃澄清池；10—反萃取池；11—浓缩池；12—反萃液；13—料液

1.4.4　静电式准液膜

静电式准液膜（electrostatic pseudo liquid membrane）体系是 20 世纪 80 年代中后期由中国原子能科学研究院研究人员开发的一种新型液膜技术[28,29]。该技术将静电相分散技术和液膜技术相结合，将萃取与反萃取过程耦合在同一反应槽内，使溶质通过萃取剂在分散于连续油相中的料液相微水滴与反萃取相微水滴之间进行传递。图1-8为静电式准液膜体系装置的示意图。反应槽的上部充满了含有萃取剂的连续有机相溶液，用一种特制的人字形挡板将反应槽分隔为萃取池和反萃取池，并在萃取池和反萃取池的两侧分别设置一对电极；反应槽的底部被一竖直的隔水板分隔为萃取澄清池和反萃澄清池。其中，作为该液膜体系装置的关键部件之一，人字形挡板的功能在于为连续油相的自由流动提供通道，并防止料液水相和反萃水相的混合。萃余液和浓缩液的界面高度可通过改变萃余液或浓缩液出口处的高度加以调节。

静电式准液膜体系装置工作时，首先将位于充满连续有机溶液（油相）的萃取池和反萃取池的电极同时连接高压电源，给这两个池施加高压静电场。然后，从萃取池和反萃取池的上部分别加入料液和反萃取液，在高压静电场的作用下，这两种水相在连续油相中分别被分散成无数细小的微水滴。在萃取池中，油相中萃取剂和料液微水滴中的溶质在油-水界面反应生成配合物，配合物溶于油相，由此生成的配合物在其浓度梯度推动下，透过挡板上孔道扩散到反萃取池内。在反萃取池中，溶质被反萃取进入反萃取微水滴中，而连续油相中的萃取剂再生后，在自身浓度梯度推动下，又透过挡板上孔道扩散返回萃取池。上述过程不断重复循环，使得溶质不断地从料液水相向反萃取水相迁移并获得富集。

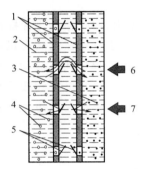

图1-9 挡板-电极结构简图
1—电极；2—连续油相；3—反萃取水滴；4—料液水滴；5—挡板；6—油相通过挡板缝自由流动；7—挡板阻止料液与反萃取水滴混合

由图1-9可见，连续油相可通过挡板-电极的孔道自由流动，而料液水滴（或反萃取水滴）分别进入这些孔道，由于孔道内电场微弱，进入孔道内的水滴聚结成大水滴，在重力的作用下从孔道中流回萃取池（或反萃池）。因而，挡板的作用是为连续油相的流动提供通道并有效防止料液水相与反萃取水相混合，使萃取与反萃取在反应槽内耦合。

静电式准液膜避免了乳化液膜专用表面活性剂的加入，不需使用破乳设备，使提取过程大为简化。另外，它与支撑液膜体系相比，又具有较高的传质通量。但静电式准液膜技术的关键在于其电极绝缘层必须具有耐压、憎水与耐油等特点，在长期运作中，需对挡板-电极组件进行重新设计和制作，其耐久性仍有待进一步研究和解决。

1.4.5 内耦合萃反交替

图1-10显示了20世纪90年代初由中国原子能科学研究院研发的一种新型液膜过程——内耦合萃反交替分离过程[30-32]。这是一种在同一反应槽内部耦合的萃取与反萃取连续进行的传质过程。如图1-10所示，反应槽下部的萃取侧和反萃取侧用一适当高度的隔板分隔，萃取侧和反萃取侧又分别被各自的溢流板分隔为混合室和澄清室。

实验前，反应槽的两个混合室和两个澄清室内均注入适当体积的各自水相垫底，随后加入的有机液膜相溶液淹没槽内的中间隔板，连通萃取侧和反萃取侧。

实验时，萃取侧混合室的上层有机相在独特的机械搅拌作用下，与下层料液水相形成高度分散的油水"乳状液"（O/W），"乳状液"层以上的有机相层依然保持澄清。随着料液水相的不断供给，该"乳状液"便不断地溢入萃取澄清室，分相后获得萃余液（在底部）和负

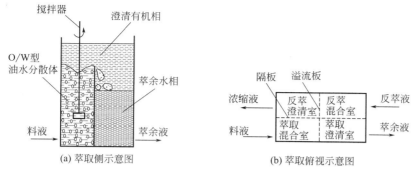

图 1-10 内耦合萃反交替分离过程基本原理示意图

载有机相（在萃余液上部）。而分相后的负载有机相并入上方澄清有机相层，则在反萃取侧混合室机械搅拌作用下，越过中间隔板，进入反萃取侧混合室，并在反萃取侧混合室的机械搅拌作用下，与下层反萃取水相形成高度分散的"乳状液"，"乳状液"层之上的有机相层依然保持澄清。随着反萃取水相的不断供给，"乳状液"不断地溢入反萃澄清室，分相后即可获得浓缩液（在底部）和反萃取后的有机相（在浓缩液的上方）。而反萃取后的有机相并入上方澄清有机相层后，则在萃取侧机械搅拌作用下，越过中间隔板，返回到萃取侧混合室，继续进行上述传质过程。在上述整个内耦合萃反交替分离过程中没有使用专用的表面活性剂，仅依靠萃取剂的弱表面活性作用在强烈的机械搅拌下，由水相（料液相或反萃取相）和油相形成"乳状液"，只要静止，此"乳状液"即会分层，形成水相和油相。

该法萃取 La^{3+}，一次提取，料液中 La^{3+} 浓度从 1.0g/L 降至 5mg/L 以下，萃取率达到 99.5%，循环反萃液中 La^{3+} 浓度高达 413g/L（以 La_2O_3 计），比乳化液膜法浓缩 La^{3+} 的浓度高 3.7 倍。

内耦合萃反交替过程具有液膜非平衡传质的特点，因而具有液膜的传质速率高和选择性好的优点。尤其运用了溶剂萃取过程中结构最简单、价格最低的混合澄清槽为传质单元设备，避免了乳状液膜的制乳与破乳，体现了溶剂萃取和液膜在分离富集上的优势的结合，极具竞争性。

1.4.6 支撑乳化液膜

支撑乳化液膜（supported emulsion liquid membrane，SELM）是由 B. Raghuraman 和 J. Wiencek[33] 依据无分散的膜萃取与乳状液膜相结合的理念而提出来的。它既体现了乳状液膜的萃取和反萃取同时进行的优点，又能克服乳状液膜搅拌分散导致的膜泄漏与溶胀。

B. Raghuraman 和 J. Wiencek 采用一个中空纤维膜接触器，预先用有机液膜相溶液润湿中空纤维管壁的孔隙，使先制好的油包水型乳状液（W/O）在中空纤维管内流动，而料液在中空纤维管外流动，料液相维持稍高压力，阻止有机液膜相溶液通过中空纤维管壁微孔流入料液相。中空纤维管壁微孔直径为 $0.05\mu m$，而乳状液内相微滴直径为 $1\sim10\mu m$，故乳状液内相微滴不会通过微孔进入料液水相。微孔中只有机配合物在微孔内充填的有机膜相中扩散［从料液-液膜相界面扩散到液膜相-乳状液内相微滴（反萃取水相）界面］。由于反萃取水相只能在中空纤维管内流动，这种支撑乳化液膜构型避免了乳状液内相微滴内的反萃取水相与料液水相的直接接触，从而有效地降低了液膜的泄漏和溶胀。对于铜的提取，SELM

的提取率比 ELM（乳化液膜）提高了一个数量级，泄漏率从 8％下降到 0.02％，溶胀率从 16％～33％下降至接近零。

1.4.7　离子液体支撑液膜

传统支撑液膜（SLM）因选择性高、传质速率快而受到分离领域研究人员的高度重视，但支撑液膜的不稳定性长期阻碍了它在化工工业推广应用的步伐。探其原因，支撑液膜的不稳定性主要来源于：液膜相（载体和有机溶剂是主要成分）在邻接水相（料液相和反萃取相）的溶解损失和挥发损失；膜两侧的压力差超过了支撑体微孔临界取代压力（p_c）；料液相与反萃取相在膜两侧流速不同引发剪切力导致的水与有机液膜相在水溶液中形成乳化液滴和胶束，这将加快有机液膜相从微孔中流失。而离子液体黏度高，几乎无蒸气压，借助功能化理念可对离子液体（IL）进行结构改造，赋予离子液体优良的特性。如果将传统支撑液膜和离子液体的优点结合，制备离子液体支撑液膜（supported ionic liquid membrane，SILM），可消除液膜相的挥发损失和从支撑体微孔中流入水溶液中的损失，增强膜液和支撑体微孔间的相互作用，有效提高支撑液膜稳定性。

所谓离子液体支撑液膜就是用一定方法将某种特定离子液体负载于支撑体（有机或无机膜）孔道内形成的复合型液体膜，它同时具备了离子液体优良的溶剂特性以及支撑液膜分离效率高、选择性好、稳定性好的优势。故高质量的优良支撑体、功能化离子液体、科学的制备方法是离子液体支撑液膜优良性能的重要保证[34,35]。

离子液体作为一种绿色、环保的溶剂在支撑液膜中使用，确实具有很强的吸引力。但由于离子液体的研究历史较短，要解决离子液体在工程应用中的诸多问题，还有许多基础研究涉及的理论问题有待解决，如传质机理与过程原理、离子液体分子设计理论的确定、相平衡数据的完善等。另外，离子液体支撑液膜中离子液体的阴阳离子与支撑液膜的作用机理、膜的结构、膜的孔径大小及分布、膜的荷电性能等参数对离子液体支撑液膜稳定性的影响以及离子液体物性数据（溶解度、表面张力、电导率等在不同体系中有一定的差异）的缺乏都说明离子液体支撑液膜要进入实用阶段还有很多工作要做。因而将离子液体支撑液膜作为一种支撑液膜新构型进行深入探索是势在必行的。

文献上还有对支撑液膜改进探索的报道，如支撑体浸入含有碳纳米管的有机液膜相溶液（载体溶解在煤油中）[36]，以低共熔溶剂作为支撑液膜的溶剂[37]，等等，有兴趣的读者可查阅这些文献。

1.5　支撑液膜分离机理

按照传质过程包含的物质种类，支撑液膜分离传质机理可分为两类，即单纯迁移和促进迁移，后者可分为简单促进迁移（simple facilitated transport）与耦合促进迁移（coupled facilitated transport）。根据载体类型，耦合促进迁移又可细分为同向迁移（co-transport）与逆向迁移（counter-transport）。

1.5.1　单纯迁移

单纯迁移，物质 A、B 纯粹依靠各自在两相间不同的分配系数和不同的扩散系数，实现物质的分离纯化，具体迁移机理如图 1-11 所示。在料液侧和反萃取侧，A 达到相同浓度时，单纯迁移达到终点，A 的传质停止，无浓缩效果。溶质 A 传质的推动力是料液相和反萃取相间的溶质（A）的浓度差（$A_{feed} - A_{stripping}$）。

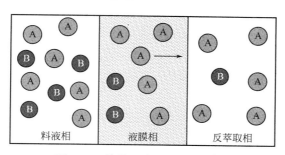

图 1-11 单纯迁移机理示意图[38]

1.5.2 简单促进迁移

简单促进迁移一般发生于中性物料的液-液萃取和气体的分离等。如图 1-12 所示，在料液中的溶质 A 和 B，只有载体 C 选择性地与 A 在膜-料液界面发生化学反应生成配合物 A-C，此配合物扩散至液膜-反萃取相界面，依靠反萃取相中反萃剂的作用，A-C 解络为 A 和 C，A 进入反萃取相，载体 C 重新返回到液膜-料液相界面，重复上面的化学反应。简单促进迁移体现了载体的选择性，但没有明显地体现对溶质迁移的驱动力。例如液膜分离法处理工业含酚废水，以中性 TBP 为载体与苯酚发生络合反应生成配合物，使用 NaOH 溶液作为反萃取相接收剂，在液膜-反萃取相界面配合物解络，解络后的苯酚和 NaOH 发生不可逆化学反应，能使料液中苯酚浓度降至几毫克每升或更低，接近达到国家排放标准，而解络后的 TBP 返回到液膜-料液相界面再继续和苯酚反应。

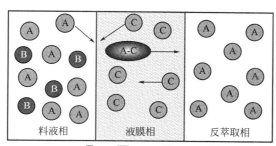

$$A + \overline{C} \leftrightarrow \overline{AC} \qquad \overline{AC} \leftrightarrow A + \overline{C}$$

图 1-12 简单促进迁移机理示意图[28]

A,B—料液中的溶质；C—液膜相中载体

$\overline{C}$，$\overline{AC}$—处于有机相（膜相）中的 C，AC

1.5.3 逆向和同向耦合促进迁移

待迁移物质是离子时，利用萃取剂作载体可进行耦合促进迁移。萃取剂为中性载体或碱性萃取剂（长链烷基胺）时，发生同向迁移。酸性萃取剂和离子交换剂（季铵盐等）作液膜载体，发生逆向迁移。

促进迁移过程中，液膜两侧界面上化学位的差异，导致溶质透过液膜相传递，而流动载体只起到搬迁溶质的作用，其本身不被消耗，界面化学反应速率对传质速率影响较大。

下面以支撑液膜传输金属离子 M^+ 为例，说明同向迁移和逆向迁移分离机理[39]。对于支撑液膜来说，它的多孔支撑体的厚度一般在 $25\sim50\mu m$ 之间，微孔尺寸为 $0.02\sim1\mu m$。金属离子在支撑体一侧的料液相与吸附于支撑体孔隙中的有机液膜相之间的分配比（distribution ratio）K_d 必须足够大，以利于金属离子从料液相被萃取到有机液膜相中；而金属离子在支撑体另一侧的反萃取相与有机液膜相之间的分配比 K_d 应尽量小，以保证金属离子能完全从有机液膜相-反萃取相界面被反萃取到反萃取相中。

当支撑液膜中的载体是酸性萃取剂（例如 HX）时，M^+ 在料液相-膜与膜-反萃取相的分配比之差一般来源于 pH 值的梯度，而 pH 值梯度的实质是料液相和反萃取相中不同的 H^+ 浓度。料液相和反萃取相中 H^+ 浓度差是 M^+ 跨膜迁移的驱动力。图 1-13（a）描述了这种迁移，有关的界面化学反应方程式如下：

$$M^+ + HX（膜相）\underset{\text{反萃取相}}{\overset{\text{料液相}}{\rightleftharpoons}} MX（膜相）+ H^+$$

由图 1-13（a）可见，载体 HX 在膜-料液界面和 M^+ 发生离子交换反应，生成配合物 MX 并在膜中扩散到达膜-反萃取相界面，在反萃取剂（通常是适当浓度的无机酸）的作用下，发生反萃反应，M^+ 进入反萃取相，同时 X^- 和反萃取相中 H^+ 在膜-反萃取相界面反应生成中性分子 HX，载体 HX 再从膜-反萃取相界面经过膜中扩散到达膜-料液界面，重复上述配位反应。在上述迁移过程中，M^+ 和 H^+ 跨膜迁移的方向相反，很好地体现了不同化学反应和不同化学过程之间的耦合，这种迁移称为逆向迁移。

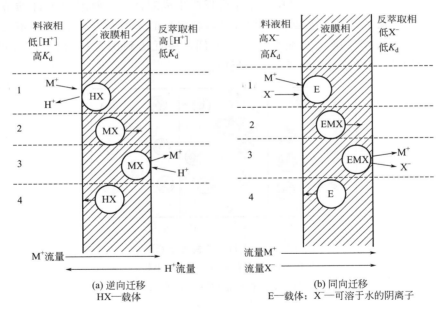

图 1-13　单价金属阳离子 M^+ 通过支撑液膜进行耦合传输的示意图

如果支撑液膜中的载体（E）是中性的或碱性的萃取剂（如长链的烷基胺），则 M^+ 在料液相-膜之间的分配比与 M^+ 在膜-反萃取相之间的分配比之差来源于阴离子 X^- 的浓度梯度。首先，M^+ 和载体（E）在膜-料液界面形成 $[EM]^+$ 离子，随即与 X^- 结合形成中性分子（EMX）进入有机液膜相并扩散至液膜-反萃取相界面，在反萃剂的作用下，发生反萃取反应，M^+ 和 X^- 进入反萃取相。而解络的中性载体（E）也经膜中扩散到达膜-料液界面，重复上述迁移过程。阴离子 X^- 的浓度梯度是整个 M^+ 跨膜迁移过程中的驱动力，M^+ 和 X^- 的迁移方向相同，这种金属阳离子的传质机理称为同向迁移［见图 1-13（b）］，相关化学反应可归纳如下：

$$M^+ + X^- + E(膜相) \underset{反萃取相}{\overset{料液相}{\rightleftharpoons}} EMX(膜相)$$

一般来说，pH 值和阴离子浓度梯度常被看成离子迁移的驱动力。然而，任何其他能造成液膜相两边较大的化学势梯度的因素都可当作金属离子和其他化学物质通过支撑液膜耦合传输的驱动力。假如耦合传输的驱动力能够保持不变的话，支撑液膜能够逆浓度梯度传输金属离子，直至所有的金属离子从料液相进入反萃取相。故不同化学反应和不同化学过程之间的耦合使支撑液膜迁移具有非平衡传质的特征。

参 考 文 献

[1] Bloch R，Finkelstein R，Kedem O，et al. Metal-ion separations by dialysis through solvent membranes ［J］. Ind Eng Chem Process Des Dev，1967，6（2）：231-237.

[2] Ward W J，Robb W L. Carbon dioxide-oxygen separation：facilitated transport of carbon dioxide across a liquid film ［J］. Science，1967，156（3781）：1481-1484.

[3] Li Norman N. Separating hydrocarbons with liquid membranes ［P］. US 3，1968，410，794.

[4] 程能林. 溶剂手册 ［M］. 4 版. 北京：化学工业出版社，2007.

[5] 化学产品搜索引擎 ［DB/OL］. http：//www. chemicalbook. com.

[6] 李以圭，李洲，费维扬. 液液萃取过程和设备（上册）［M］. 北京：原子能出版社，1981.

[7] 时钧，袁权，高从堦. 膜技术手册 ［M］. 北京：化学工业出版社，2001.

[8] 周元铭. 大块液膜膜相溶质积累及传质特性研究 ［D］. 北京：北京化工大学，2012.

[9] 何鼎胜，颜智殊，刘新良，等. 钴离子在 P_{507}-CCl_4 液膜体系中的活性迁移 ［J］. 膜科学与技术，1997，17（6）：55-59.

[10] Gu Y，Shi F，Yang H，et al. Leaching separation of taurine and sodium sulfate solid mixture using ionic liquids ［J］. Separate Puri Technol，2004，35：153-159.

[11] 《化学工程手册》编辑委员会. 化学工程手册 ［M］. 北京：化学工业出版社，1987.

[12] 戴猷元，王运东，王玉军，等. 膜萃取技术基础 ［M］. 2 版. 北京：化学工业出版社，2008.

[13] 钟晶晶. 重金属离子在离子液体大块液膜中的迁移规律研究 ［D］. 西安：西安理工大学，2011.

[14] 封志杰. 大块液膜富集分离水中的痕量 Cd（Ⅱ）、Pb（Ⅱ）和 Hg（Ⅱ）离子 ［D］. 南京：南京工业大学，2010.

[15] Rosano H L，Schulman J H，Weisbuch J B. Mechanism of the selective flux of salts and ions through nonaqueous liquid membranes ［J］. Ann N Y Acad Sci，1961（92）：457-469.

[16] 吴丽娟. 新型大块液膜分离装置的研制及应用 ［D］. 南京：南京工业大学，2010.

[17] 马铭，朱小兰，何鼎胜. 以 HDEHP 为载体的大块液膜迁移铈离子动力学研究 ［J］. 膜科学与技术，2002，22（6）：28-33.

[18] 余夏静，叶雪均. 液膜技术及研究应用进展 ［J］. 环境研究与检测，2011（2）：59-62.

[19] Kislik V S. Liquid membranes，Principles and applications in chemical separations and wastewater treatment ［M］. Netherlands：Elsevier，2010.

[20] Miyako E，Maruyama T，Kamiya N，et al. Enzyme-facilitated enantioselective transport of（S）-ibuprofen through a supported liquid membrane based on ionic liquids ［J］. Chem Commun，2003，23：2926-2927.

[21] Ho W S W，Poddar T K. New membrane technology for removal and recovery of chromium from waste waters ［J］. Environ Prog，2001（20）：4-52.

[22] Ho W S W. Removal andrecovery of chromium from feed solution involves treating low concentration solution with

supported liquid membrane to produce concentrated solution and treated solution which is recycled to feed solution [P]. US 6171563-B1, 2001.

[23] Zisu Hao, Michael E. Vilt, Zihao Wang, et al. Supported liquid membranes with feed dispersion for recovery of Cephalexin [J]. J Membra Sci, 2014 (468): 423-431.

[24] Klaassen R, Feron P H M, Jansen A E. Membrane contactors in industrial applications [J]. Chem Eng Res Des, 2005 (83): 234-246.

[25] Teramoto M, Matsuyama H, Yamashiro T, et al. Separation of ethylene from ethane by a flowing liquid membrane using silver nitrate as a carrier [J]. J Membra Sci, 1989 (45): 115-136.

[26] Majumdar S, Guha A K, Lee Y T, et al. A two-dimensional analysis of membrane thickness in a hollow-fiber-contained liquid membrane permeator [J]. J Membra Sci, 1989 (43): 259-276.

[27] Boyadzhiev L, Lazarova Z, Bezenshek E. Proceeding ISEC-EC-83, 1983, 391.

[28] 顾忠茂，周庆江，金兰瑞. CN86101730, 1988.

[29] Gu Z M. Electrostatic pseudo liquid membrane separation technology [J]. Chin J Chem Eng, 1990, 5 (1): 44-55.

[30] 吴全锋，郑佐西，顾忠茂. 乳状液膜分离方法及其装置 [P]. CN 94107328.9, 1994-07-25.

[31] 吴全锋，顾忠茂，汪德熙. 液膜分离过程的新发展——内耦合萃反交替分离过程 [J]. 化工进展, 1997 (2): 30-35.

[32] 顾忠茂，甘学英，吴全锋. 无"返混"内耦合萃取-反萃分离装置 [P]. ZL 99213848.5, 2000-04.

[33] Raghuraman B, Wiencek J. Extraction with emulsion liquid membranes in a hollow-fiber contactor [J]. AICHE J, 1993, 39: 1885-1889.

[34] 沈江南，阮慧敏，吴东柱，等. 离子液体支撑液膜的研究及应用进展 [J]. 化工进展, 2009 (28): 2092-2098.

[35] 李雪辉，赵东滨，费兆福，等. 离子液体的功能化及其应用 [J]. 中国科学, 2006 (36): 151-196.

[36] Parisa Zaheri, Toraj Mohammadi, Hossein Abolghasemi, et al. Supported liquid membrane incorporated with carbon nanotubes for the extraction of Europium using Cyanex272 as carrier [J]. Chemical Engineering Research and Design, 2015 (100): 81-88.

[37] Jiang Bin, Dou Haozhen, Zhang Luhong, et al. Novel supported liquid membranes based on deep eutectic solvents for olefin-paraffin separation via facilitated transport [J]. Journal of Membrane Science, 2017 (536): 123-132.

[38] Bringas E, Román MF San, Irabien JA, et al. An overview of the mathematical modeling of liquid membrane separation processes in hollow fibre contactors [J]. J Chem Technol Biotechnol, 2009, 84: 583-1614.

[39] Danesi P R. Separation of metal species by supported liquid membrane [J]. Separate Sci Technol, 1984, 19 (11&12): 857-894.

第2章　支撑液膜分离过程的化学原理

2.1　液体表面

两相间的边界称为界面。由于物质的聚集状态有固态、液态、气态三种，习惯上将两凝聚相间的边界称为界面，凝聚相与气体间形成的边界称为表面。因而，纯液体与它的蒸气间的界面，就称为液体表面，是各类界面中最简单的一类。这是由于它具有最简单的化学组成和具有物理的及化学的均匀性。

2.1.1　表面张力与表面自由能

在液体体相内的任一分子受到周围四面八方的作用力是相等的，可以相互抵消，故液体体相内任一分子移动时不需要做功。而在液体表面的分子受到液体体相内部分子的引力总是大于另一侧气体（或此液体的蒸气）分子对液体表面分子的引力，因而液体表面上的分子有自动向液体内部迁移的倾向，从而使液体表面有张力，其宏观表现就是液体表面自动缩小，在重力可以忽略的情况下，小液珠的形状总是呈球形或近似的球形。

考虑用细钢丝制成一个一边可移动的框架 abcd，其中边 cd（长度为 L）可移动[1,2]，见图 2-1。

将此框架从肥皂水中拉出，即可在框架中形成一层会自动收缩的肥皂水膜，以减小膜的面积。这种引起膜自动收缩的力就叫作表面张力（surface tension），以 γ 表示。如果忽略框架的边 cd 和框架之间的摩擦，若想制止肥皂水膜的自动收缩，需在相反方向对 cd 施加一力 F，此力 F 与活动边 L 的长度成正比，则有：

图 2-1　液体的
表面张力

$$F = 2\gamma L \tag{2-1}$$

上式中 γ 可看成是引起液体表面收缩的单位长度上的力（与液面相切），系数 2 是因为膜有两个表面。表面张力（γ）是液体的一种基本物理化学性质，通常以 mN/m 为单位。

可以从能量变化的角度研究液体表面自动收缩的现象，即从能量变化的角度研究表面张力（γ）。如图 2-1 所示，肥皂水膜处于平衡状态，当作用于活动边 cd 上的外力为无限小时，活动边 cd 沿外力方向移动无限小距离 dx，液膜面积扩大，外力对体系做有用功，在可逆情况下：

$$W = F\mathrm{d}x = 2\gamma L\mathrm{d}x = \gamma\mathrm{d}A \tag{2-2}$$

这样消耗的能量（＝力×距离）使膜的面积增加了 $\mathrm{d}A = 2L\mathrm{d}x$。显然，在可逆情况下（$F = 2\gamma L$），根据热力学原理，外力对体系做有用功使肥皂水膜面积增加，则体系自由能增量（ΔG）为：

$$\Delta G = \gamma\mathrm{d}A \tag{2-3}$$

$$\gamma = \frac{\Delta G}{\mathrm{d}A} \tag{2-4}$$

式(2-4)表示，γ 是恒温恒压下增加单位表面积时体系自由能的增量，称作比表面自由能，简称表面自由能（surface free energy），常用单位为 $\mathrm{mJ/m^2}$。表面张力和表面自由能分别是用力学方法和热力学方法研究液体表面现象时采用的物理量，它们表征液体表面分子因受到液体体相和邻近气相分子不均衡作用力而引起的液面自动缩小趋势大小的最基本物理化学参数，二者具有不同的物理意义，但有相同的量纲，当采用适宜的单位时，二者同值。例如，水在20℃时的表面张力为72.8mN/m，表面自由能是 $72.8\mathrm{mJ/m^2}$，二者单位不同，量纲却一样。

2.1.2　弯曲液面内外压力差与曲率半径的关系——Young-Laplace 公式

大面积的水面总是平坦的，但小面积液面，如毛细管中的液面、沙子或黏土之间的毛细缝液面，以及气泡、水珠上的液面都是曲面。由于液体的表面张力总是力图收缩液体体积，故液体曲面下的压力与平面下的压力不同。

文献［1，2］用热力学方法推导出弯曲液面内外压力差方程：

$$\Delta p = \frac{2\gamma}{r} \tag{2-5}$$

式中，Δp 为弯曲液面内外压力差；r 为液珠半径；γ 为液体表面张力。上式适用于液珠半径为 r 的球形或液面为球形的一部分时。对于半径为 r 的肥皂泡，因泡膜有里、外两个表面，故肥皂泡内外的压力差是：

$$\Delta p = \frac{4\gamma}{r} \tag{2-6}$$

若液面不是球面，而是曲面，则曲面内、外两边的压力差 Δp（$= p_内 - p_外$）与曲率半径的关系是：

$$\Delta p = \gamma\left(\frac{1}{r_1} + \frac{1}{r_2}\right) \tag{2-7}$$

式中，r_1 和 r_2 是曲面的两个主半径，对于球面 $r_1 = r_2$，式(2-7)还原成式(2-5)。式(2-7)是著名的 Young-Laplace 公式，它是毛细现象的基本公式。当液面是凸形时，如液珠那样，r_1 和 r_2 均为正值，Δp 为正值，液体内部压力高于外压；当液面是凹形时，r_1 和 r_2 均为负值，Δp 为负值，液体内部压力小于外压；当液面为平液面时，r_1 和 r_2 为无穷大，Δp 为零，即液面下压力与外压相等。一般而言，同一弯曲液面不同一侧的曲率半径符号相反，而从弯曲液面的哪一侧确定曲率半径的符号，哪一侧就是内相[3]，$\Delta p = p_内 - p_外$。式(2-7)不仅适用于液体表面，也适用于各种弯曲界面（如液-液界面、固-液界面等），只是在有固体参与形成弯曲界面时，固体表面张力难以准确测定，应用有困难。

2.1.3　弯曲液面的蒸气压与曲率半径的关系——Kelvin 公式

弯曲液面存在体相内外压力差，使得体相内物质的化学势和液面同一物质的化学势不同，从而导致体相液体的状态和性质也有改变。Kelvin 公式表示液体蒸气压与弯曲液面曲率半径的关系，它要回答的问题是，将液体分散成小液珠后，小液珠的蒸气压是否和平常的（即表面是平的）一样？

当具有平表面的大块液体分散为半径为 r 的小液滴时，小液滴的蒸气压（p）与大块平面液面的饱和蒸气压（p_s）间有如下关系：

$$\ln\left(\frac{p}{p_s}\right)=\frac{2\gamma V_m}{RTr} \tag{2-8}$$

此式即为 Kelvin 公式。式中，γ 为液体在温度 T 时的表面张力；V_m 为液体摩尔体积；R 为气体常数。广义地说，式（2-8）中 r 应为弯曲液面的曲率半径。由此式可看出，当 $r>0$（为凸液面）时，$p>p_s$，且 p 随 r 减小而增大；当 $r<0$（为凹液面）时，$p<p_s$，即为蒸气压降低；当 r 为无穷大时，$\ln(p/p_s)=0$，$p=p_s$。只有当液滴或气泡的曲率半径小于 10nm 时，弯曲液面蒸气压才明显偏离平面液体的饱和蒸气压。在应用 Kelvin 公式和 Young-Laplace 公式时，都认为 γ 和摩尔体积（V_m）为常数，此处应理解为在温度和压力一定时，它们为定值。实际上，表面张力（γ）也是液面曲率半径的函数，摩尔体积（V_m）也与液体量的多少有关。

2.2　溶液表面

2.2.1　溶液的表面张力、表面活性和表面活性剂

纯液体中只有一种分子，固定温度及压力，其 γ 是一定的。溶液至少由两种分子组成，故溶液的表面张力受溶质的性质和浓度的影响。最重要的溶液是水溶液。水溶液的表面张力随溶质浓度的变化，大致有三种情况，如图 2-2 所示。

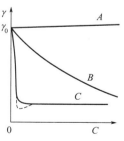

图 2-2　水溶液表面张力曲线

第一种情形是 γ 随溶质浓度的增大而升高，大致近于直线，如图 2-2 中的 A 线。属于这一类的溶质有 NaCl、KNO_3、Na_2SO_4 等多数无机盐。第二种情形是 γ 随溶质浓度的增加而降低，起初降低得快些，后来降低得慢些（B 线）。酯、醚、醇、醛、酸、酮类等大部分低分子量的极性有机物属于此类溶质。第三种情形是 γ 起初急剧下降，但到一定浓度后 γ 几乎不再变化（C 线）。属于此类溶质的有八碳（碳链）以上的磺酸盐、有机酸盐、苯磺酸盐、有机胺盐等。

溶质使溶剂表面张力降低的性质叫作表面活性（surface activity），而能够显著降低水的表面张力的溶质叫作表面活性剂（surfactant）。

表面活性剂分子为两亲分子。它一端为亲水性的极性基团，能和水形成氢键，称为亲水基；另一端为亲油的非极性基团（多为含 8～10 个碳原子的碳氢链），称为疏水基。表面活性剂在溶液中有两个基本性质，即表面吸附和定向排列。表面吸附是指在表面活性剂溶液中，表面活性剂分子从溶液内部移至表面，在表面上富集，使表面活性剂在表面层浓度高于

溶液内部的浓度。定向排列是指表面活性剂分子在溶液表面形成定向排列的吸附层，以表面活性剂水溶液为例，此吸附层中，表面活性剂分子的亲水基团插入水中，而相应的疏水基团朝向气相，满足疏水基团逃离水环境的要求。而表面活性剂的有机溶液，在溶液表面的表面活性剂分子的疏水基（亲油基）插入有机溶剂中，而亲水基朝向气相，满足亲水基团逃离有机溶剂环境的要求。

表面活性剂的表面吸附和定向排列，使表面活性剂在溶液中可以形成多种形式的分子有序组合体。

2.2.2 表面过剩和 Gibbs 公式

在平衡条件下，某组分在液液两相接触形成的界面层中的浓度与其在体相中浓度不同的现象称为吸附。Gibbs 首先用热力学方法导出了表面张力、溶液浓度和表面浓度之间的关系，即 Gibbs 公式，是胶体和界面化学的基本公式。为了能在支撑液膜体系的研究中，能正确运用 Gibbs 公式，有必要先介绍表面过剩的概念。

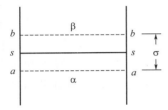

图 2-3　表面区的示意图

如图 2-3 所示，假定有一杯溶液与其蒸气成平衡，用 α 和 β 分别代表液相和气相，则溶质的物质的量是 $n=n_\alpha+n_\beta$，其中 n_α 和 n_β 分别是溶质在 α 和 β 相中的物质的量。假设从 α（或 β）相内部一直到液-气两相交界处浓度都相同，则计算 n_α 或 n_β 时，只要以 α 和 β 相的体积分别乘以其相应的物质的量浓度（mol/L）就可以了。但在两相液-气界面处（厚度不过几分子），其浓度和液体体相内部不同，就不能用这个方法去计算 n_α 或 n_β。Gibbs 将两相体系等效为由两个均匀的体相和一个没有厚度的界面构成的体系。界面的位置按 Gibbs 划面法确定。如果以 σ 表示与体相浓度不同的表面层（又称为表面相），在 σ 相中画一个面，如图 2-3 中的 ss。设在此 ss 面以上（或下）的浓度和相应体相的浓度是全体一致的，以 n_α 和 n_β 分别代表根据这个假设算出的 α 和 β 两体相中的溶质物质的量，n 是实际的溶质物质的量，其差值是[2]：

$$n_\sigma=n-(n_\alpha+n_\beta) \tag{2-9}$$

式中，n_σ 为 σ 相中溶质的过剩量。以 n_σ 除以 σ 的面积 A，则有：

$$\Gamma=\frac{n_\sigma}{A} \tag{2-10}$$

式中，Γ 为表面过剩，也叫表面浓度或吸附量。应注意的是，Γ 是过剩量，其单位与普通浓度不同，Γ 可以是正，也可以是负。

一般情况下，由于气相的浓度远低于液相的，即有 $n_\alpha\gg n_\beta$，式（2-9）可简化为：

$$n_\sigma=n-n_\alpha \tag{2-11}$$

而式（2-10）成为：

$$\Gamma=\frac{n-n_\alpha}{A} \tag{2-12}$$

此式表示 Γ 可看作是单位表面上表面相超过体相的溶质量。Γ 的数值显然与图 2-3 中的分界面 ss 放在何处有关，只有按一定的原则确定分界面后，Γ 才有明确的物理意义。

Gibbs 用了一个巧妙的办法将分界面放在使某一组分（通常是溶剂）的 Γ 等于零的地

方，再用热力学方法对体系考察其他溶质的过剩量。假定二组分溶液中，以 1 表示溶剂，2 表示溶质（溶液很稀，其活度用浓度 c 代替），$\Gamma_1 = 0$ 处为 Gibbs 划定的参考几何面，则此时溶质 2 的吸附量（表面过剩量）可表示为[1,2]：

$$\Gamma_2^{(1)} = -\frac{1}{RT} \times \frac{\mathrm{d}\gamma}{\mathrm{d}(\ln C_2)} = -\frac{1}{2.303RT} \times \frac{\mathrm{d}\gamma}{\mathrm{d}(\lg C_2)} = -\frac{C_2}{RT} \times \frac{\mathrm{d}\gamma}{\mathrm{d}C_2} \tag{2-13}$$

$\Gamma_2^{(1)}$ 是溶质 2 的表面过剩，上标（1）是表示此时分界面的位置是在使 $\Gamma_1 = 0$ 的地方。公式中 C_2 的下标 2 可去掉，用 C 表示二组分体系中溶质的浓度。上式表示，若 $(\mathrm{d}\gamma/\mathrm{d}C_2)_T < 0$，$\Gamma_2^{(1)} > 0$，即溶质在表面层的浓度大于溶液内部的，溶质在溶液的表面被正吸附。若 $(\mathrm{d}\gamma/\mathrm{d}C_2)_T > 0$，$\Gamma_2^{(1)} < 0$，表面层的溶质浓度小于溶液内部的，溶质在溶液表面被负吸附。$\Gamma_2^{(1)}$ 的单位是 $\mathrm{mol/cm^2}$，是在指定的温度（T）和压力（p）下计算的溶液表面吸附量。

2.2.3　溶液表面的吸附等温线

同一温度下不同浓度时的吸附量对溶液浓度的曲线，叫吸附等温线（adsorption isotherm）。吸附等温线也可以用数学式来描述，这就是吸附等温线公式。对表面活性溶质在溶液表面上的吸附等温线常用下式表示[1]：

$$\Gamma_2 = \Gamma_{2m} \frac{kC_2}{1 + kC_2} \tag{2-14}$$

式（2-14）是类似于 Langmuir 研究气体在固体上单分子层吸附时导出的 Langmuir 吸附等温式。Γ_m 是饱和吸附量，对二组分体系，以 1 表示溶剂，2 表示溶质，Γ_2 是溶质 2 的吸附量，C_2 是溶质的浓度，k 是所考虑体系中与溶液表面吸附有关的经验参数。对溶液吸附来说，式（2-14）是一个经验公式。图 2-4 为溶液表面吸附等温线。

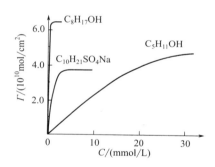

图 2-4　溶液表面吸附等温线

根据表面张力-浓度对数曲线可以测定溶液表面吸附量。当表面过剩量远远大于相应的本底量时，可以将本底量忽略不计，于是根据吸附量数据按下式可以算出每个吸附分子平均占有的表面积 a：

$$a = \frac{1}{N_0 \Gamma} \tag{2-15}$$

式中，N_0 为 Avogadro 常数，若 $\Gamma = \Gamma_m$（饱和吸附量），则算出的吸附分子的极限面积 a_m 代表吸附分子在表面上密度最大时的情况。

应用 Gibbs 吸附公式根据溶液表面张力曲线可以求出不同浓度时的溶液表面吸附量。一般做法是：在一定温度下测定不同浓度溶液的表面张力（γ），作 γ-$\lg C$ 曲线，求出各浓度时曲线的斜率 $[\mathrm{d}\gamma/\mathrm{d}(\lg C)]$，并代入式（2-13）中，计算各浓度时溶液表面吸附量。用作图法求切线的斜率既费时又不准确。

若已知某二元溶液的 γ-$\lg C$ 的函数关系，对该函数求导，很容易得到与溶质的不同浓度对应的 $\mathrm{d}\gamma/\mathrm{d}(\lg C)$ 值用于计算相应的溶液表面吸附量。问题是如何获得 γ-$\lg C$ 的函数关系。一般而言，利用电脑对 γ-$\lg C$ 的实验数据按最小二乘法进行曲线拟合后，可实现溶液表面吸附量的快速计算，但拟合后的结果分析表明此函数关系不能准确地描述完整的 γ-$\lg C$ 曲线

（只能描述此 γ-lgC 曲线的部分段）。这说明找到理想的函数关系不容易。文献［4］提出当已知某组实验数据符合一定的物理模型时，从曲线拟合后的角度看，直接利用由该模型得到的具体函数形式求找其中的待定系数是最佳途径。表面活性溶质在液-气、液-液界面的吸附通常被认为是单分子层吸附，吸附等温线可用 Langmuir 吸附等温式(2-14) 表示。该文献建议对式(2-14) 中的与吸附有关的经验参数（k）也用函数关系表示，再用该模型得到的具体函数形式进行拟合，可得满意的结果。有兴趣的读者可查阅该文献。

2.3 液-液界面

液-液界面是两种不相混溶的液体相接触而形成的物理界面。在支撑液膜体系中，料液相和液膜有机相或反萃取相和液膜有机相接触，则形成典型的液-液界面。这种液-液界面的研究，对于探索和了解支撑液膜体系的传质特性和支撑液膜体系的工作寿命是很有必要的。

2.3.1 界面张力和界面自由能

液-液界面张力是垂直通过液-液界面上任一单位长度，与界面相切的收缩界面的力。界面自由能则是恒温恒压下增加单位界面面积时体系自由能的增量。通常用 γ_{ab} 表示界面张力，其中 a 和 b 分别代表构成界面的两相。界面张力源于分子间相互作用力及构成界面两相的性质差异，与两相化学组成密切相关。一般而言，液-液界面张力随温度升高而降低，其单位和表面张力相同。表 2-1 列出一些有机溶剂和纯水的界面张力。

表 2-1　一些有机溶剂和纯水的界面张力 （20℃）

有机溶剂	苯	正庚烷	正辛烷	癸烷	四氯化碳	煤油[①]	甲苯
界面张力/(mN/m)	35.0	51.2	50.8	52.9	45.1	44.4	35.7

① 民用煤油用浓硫酸洗涤多次，再水洗至中性，蒸馏，收集185℃馏分。

液-液界面可以由三种不同途径形成，即黏附、分散和铺展。黏附是两种液体进行接触，各失去自己的气-液界面形成液-液界面的过程。分散则是一种大块的液体变成小滴的形式存在于另一种液体之中的过程，小滴和另一种液体接触而形成界面。铺展是指一种液体在第二种液体上展开，使后者原有的气-液界面被两者间的液-液界面取代，同时还形成相应的第一种液体的气-液界面的过程。两种不相混溶的液体有时可以自动形成液-液界面，有时则不能，这取决于恒温、恒压条件下过程自由能改变量的符号。

2.3.2 萃取体系中液-液界面特性研究

Gibbs 公式是热力学的结果，它不仅可运用于溶液表面，也可在液-液界面应用，只不过实验测定的 γ 是液-液界面张力，而不是溶液的表面张力。对油-水二元体系，具表面活性的溶质分子处于界面上，将疏水基插入油相、亲水基留在水中时的分子势能处于最低的状态，在液-液界面产生吸附，使具表面活性的溶质在界面上的浓度高于相应在水相和油相中的浓度。大量的溶剂萃取和液膜分离实验发现，萃取剂对金属离子的萃取特性和效率与萃取剂在液-液界面的吸附特性有关。在萃取体系中应用 Gibbs 公式自界面张力曲线（γ-lgC）得到界面吸附量是研究萃取剂在液-液界面的吸附特性的常用方法。

文献［5］研究了酸性磷型萃取剂二（2-乙基己基）磷酸（缩写为 HDEHP 或 D_2EHPA）在不同有机溶剂和纯水之间的液-液界面吸附。其原理如下：

萃取剂 HDEHP 在煤油中有如下二聚平衡：

$$2(HA)_o \underset{}{\overset{K_2}{\rightleftharpoons}} (H_2A_2)_o$$

平衡时： $\qquad\qquad\qquad\qquad C_1 \qquad\qquad C_2$

C_1、C_2 分别是平衡时对应单体（HA）和二聚体（H_2A_2）的浓度，下标 o 代表有机相，K_2 是上述二聚反应的平衡常数（$K_2 = 10^{3.57}$）[5]。依据化学平衡，则有：

$$K_2 = \frac{C_2}{C_1^2} \tag{2-16}$$

对上式移项：
$$C_2 = K_2 C_1^2 \tag{2-17}$$

相应的式量浓度 C_F（以单体 HA 计）有：

$$C_F = C_1 + 2C_2 = C_1 + 2K_2 C_1^2 \tag{2-18}$$

整理上式：
$$2K_2 C_1^2 + C_1 - C_F = 0 \tag{2-19}$$

求解一元二次方程：
$$C_1 = \frac{-1 \pm \sqrt{1 + 8K_2 C_F}}{4K_2} \tag{2-20}$$

根据式(2-18)和式(2-20)可求出 C_1 和 C_2。按照 Gibbs 公式：

$$\Gamma = -\frac{1}{2.303RT} \times \frac{d\gamma}{d(lgC)} \tag{2-21}$$

在测出不同浓度 HDEHP 煤油溶液和纯水的界面张力后，作 γ-lgC_1 和 γ-lgC_2 曲线。采用镜面法测定不同浓度的 HDEHP 在上述 γ-lgC_1 和 γ-lgC_2 曲线上对应点的斜率或采用计算机曲线拟合法求得 $d\gamma/d(lgC)$，以之代入式(2-21)计算对应浓度点相应的 Γ，作 Γ-C_1 和 Γ-C_2 曲线。观察此曲线形状是否符合 Langmuir 吸附等温线：

$$\Gamma = \Gamma_m \frac{kC}{1+kC} \tag{2-22}$$

该文献得出的实验数据作图结论是，Γ-C_1 曲线符合 Langmuir 吸附等温线，而 Γ-C_2 曲线不符合 Langmuir 吸附等温线，这说明 HDEHP 是以单体分子（HA）形式吸附在煤油-纯水界面上的。

鉴于 HDEHP 在煤油中的二聚常数（$K_2 = 10^{3.57}$）较大，故可粗略认为在通常的实验浓度范围内，HDEHP 在非极性溶剂煤油中主要以二聚体（H_2A_2）存在，因而有如下条件成立：

$$C_1 \ll C_2 \tag{2-23}$$

故可近似认为：
$$C_2 = \frac{1}{2}C_F \tag{2-24}$$

因而有：
$$C_1 = \sqrt{\frac{C_2}{K_2}} = \sqrt{\frac{C_F}{2K_2}} \tag{2-25}$$

将式(2-24)和式(2-25)代入式(2-21)和式(2-22)中，则有：

$$\Gamma = \Gamma_m \frac{K\sqrt{C_F}}{1+K\sqrt{C_F}} \tag{2-26}$$

$$\Gamma = -\frac{1}{2.303RT} \times \frac{d\gamma}{d\left(\frac{1}{2}\lg C_F\right)} \tag{2-27}$$

式（2-26）中：

$$K = \frac{k}{\sqrt{2K_2}} \tag{2-28}$$

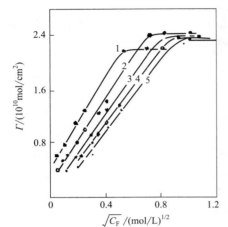

图 2-5 Γ-$\sqrt{C_F}$ 曲线

按照式（2-27），作 γ-$\left(\frac{1}{2}\lg C_F\right)$ 曲线，求出不同浓度在 γ-$\left(\frac{1}{2}\lg C_F\right)$ 曲线上对应点的斜率，计算 Γ 值，再作 Γ-$\sqrt{C_F}$ 曲线，如图 2-5 所示。

由图 2-5 可知，曲线形状符合 Langmuir 吸附等温线，说明此近似处理在实验浓度范围内可行。结合式（2-26），图 2-5 中 Γ-$\sqrt{C_F}$ 曲线水平段对应的 Γ 值即为界面饱和吸附量 Γ_m。根据界面饱和吸附的定向紧密排列模型，可用式（2-15）计算吸附分子在界面占有面积（简称分子界面积）A_I。由 Γ-$\sqrt{C_F}$ 曲线还可得到界面饱和吸附时对应的 HDEHP 最低浓度 C_{min}。

根据式（2-26），当：

$$\Gamma = \frac{1}{2}\Gamma_m \tag{2-29}$$

可以计算出：

$$K = \frac{1}{\sqrt{C_F}} \tag{2-30}$$

故 Γ_m、A_I、C_{min}、K（K 值大小显示吸附性能的强弱）是一组反映萃取剂 HDEHP 液-液界面吸附特性的参数。

文献［6-9］也对 HEH(EHP)(P_{507})、三正辛胺和 N_{263}、HDEHP(P_{204})、伯胺 N_{1923} 在液-液界面的吸附特性参数进行了研究，考察了水相介质、稀释剂、温度等因素对其界面特性参数的影响，有兴趣的读者可继续查阅相关文献，了解相关结论。

2.3.3　滴体积法测界面张力

滴体积法是测量从半径为 R 的垂直滴管末端缓慢滴落的液滴的体积，常用于测量界（表）面张力。此法的原理是当液滴滴落时液滴的体积与液体的表面张力 γ 有关：

$$V\rho g = 2\pi R\gamma \tag{2-31}$$

式中，g 为重力加速度；ρ 为液体密度；V 为液滴体积。当液体可润湿玻璃滴管管口端面时 R 应为管口端面的外径，否则为管口内径。此式表示沿管口周边作用的表面张力支持液滴悬挂，表面张力与重力方向相反，液滴在所受重力超过表面张力无限小量时即全部自管口脱落。图 2-6 显示了实验中的管口液滴逐渐增大时，液体总是先发生变形，形成"细颈"，再在"细颈"处断开，"细颈"以下液体滴落，其余残留管

图 2-6   液滴形成过程

口，残留部分有时可达整体的 40%。而且，形成液滴细颈时表面张力的方向并不与管端端口垂直。

因此需对式（2-31）校正：

$$V\rho g = 2\pi R\gamma k \tag{2-32}$$

整理得：

$$\gamma = F\,\frac{V\rho g}{R} \tag{2-33}$$

式中，$F=1/2\pi k$。F 为校正系数，是 V/R^3 的函数，与表面张力、滴管材料、液体密度、黏度等因素无关。可查表得到 F 值。

滴体积法的关键设备是滴体积管。它的制法简述如下：在市售 0.2mL 或 0.1mL 微量移液管的最上部刻度线上方吹成容积约 1mL 的膨起小球（烧制时注意少使刻度部分受热，因为玻璃受热后体积读数便不准了），用来增加移液管吸取的样品量，避免液滴表面的吸附改变液相平衡浓度。膨起小球在室温下用蒸馏水校正其体积（在准确温度下测定从刻度线 A 至刻度线 B 所放出蒸馏水的质量，查出相应温度下蒸馏水的密度，计算相应的体积 V_{AB}）。将下口烧成内直径约 0.2～0.4mm，外直径约 2～7mm 的毛细管，然后将移液管下口用细金刚砂作为磨料在平板玻璃上磨成周边平整的断面，要求平整、光滑、无破口，使管口周边成圆形，否则 R 值便不准确。用读数显微镜测定 R 值，要求至少准确至 0.001cm。改造后的微量滴定管外形见图 2-7。

液-液界面张力测量步骤简述如下[10]。实验装置见图 2-8。大玻璃管中装入 Ⅰ、Ⅱ 两种液体。通常用图 2-7（a）微量滴定管将密度较大的液体吸入，再调整微量滴定管位置，使能在密度较小的上层液体中形成液滴滴下。测量液滴体积及两液相密度 ρ_1、ρ_2。为提高滴体积法测定每一液滴体积读数的准确性，先记下微量滴定管内液面初始位置 V_1（图 2-7 的 A 处），连续滴 n 滴后再读液面所在位置 V_{BC} 值（使管内最终液面落在刻度线 B 和 C 之间，刻度线 B 和 C 之间的体积

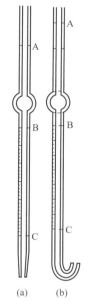

图 2-7　改造后的微量滴定管外形

从微量滴定管的刻度线读出，这是由于刻度线 B 是微量滴定管刻度的起点刻度 0.000），此时滴定体积按 $V=(V_{AB}+V_{BC})/n$ 计算，再用比重瓶测定两相密度，按下式计算界面张力（γ）：

$$\gamma = \left[\frac{V(\rho_1 - \rho_2)g}{R}\right] \times F \tag{2-34}$$

有时因样品性质的限制（例如上层液体色深或下层液体密度大于 1，而相应上层液体密度小于 1）需使上层液体在下层液体中成滴。可用图 2-7（b）微量滴定管吸入密度小的上层液体，调整滴定管位置，使滴定管管口在密度较大的下层液体中，则落滴变为浮滴，测出液滴体积后仍按式（2-34）计算界面张力。测定纯水和煤油之间的界面张力用图 2-7（a）改装微量滴定管，测定纯水和四氯化碳（CCl_4）之间界面张力用图 2-7（b）改装微量滴定管。有关滴体积法测定界面张力的细节可参考文献 [10]。滴体积法测定界面张力的相应实验装置如图 2-8 所示。

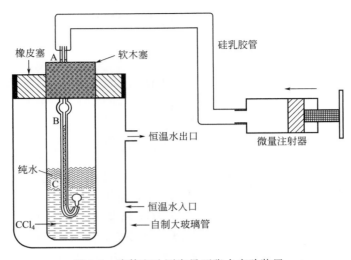

图 2-8　滴体积法测定界面张力实验装置
A，B，C—改造后的微量滴定管的刻度线位置

2.4　固-液界面

2.4.1　接触角与润湿的关系

　　液体在固体表面形成如图 2-9 所示的液滴，平衡时，在固、液、气三相接触的交界处，液体会形成接触角，图 2-9 中的 θ 角就是三相交界线上任意点 O 的气-液表面张力 $\sigma_{g\text{-}l}$ 和液-固张力 $\sigma_{l\text{-}s}$ 间夹角，其中 g 代表气体，l 代表液体，s 代表固体。如果水银滴于玻璃上，则形成一个近乎的小圆球，其相应的接触角 $\theta > 90°$。这说明接触角与润湿有密切的关系。

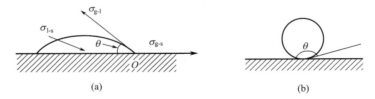

图 2-9　液滴在固体表面上气、液、固三相交界面上的张力平衡（a）
和水银滴在玻璃上的接触角（b）

　　通常将接触角 θ 作为是否润湿的依据[11]。$\theta > 90°$，称为不润湿；$\theta < 90°$，称为润湿；若 θ 小到等于零，或不存在接触角，则称液体在固体表面上铺展。水滴在干净的玻璃板上，接触角 $\theta < 90°$。故称接触角 $\theta < 90°$ 的固体为亲液固体。固体石蜡置于水中并取出，石蜡不沾水，接触角 $\theta > 90°$。因而，称接触角 $\theta > 90°$ 的固体为憎液固体。热力学分析表明，如果液体能在固体上铺展，它也一定能沾湿和浸湿固体。液体表面张力 $\sigma_{g\text{-}l}$ 和接触角 θ 数据，可以作为研究各种润湿现象的依据。

2.4.2　支撑液膜体系的固-液界面

　　支撑液膜体系中至少包括料液相、反萃取相、液膜有机相、支撑体固相四相共存，存在油-水界面、油-固界面、水-固界面。这些相界面的热力学性质影响支撑液膜的性质和分离效率。本小节仅讨论油-固界面和水-固界面。

在讨论各种参数对支撑液膜稳定性的影响时，有时需要将具有不规则几何构型的支撑体微孔理想化为孔径大小均匀、结构有规则的毛细管，而支撑体表面无孔部分的水-固界面视为水与容器壁的关系，不考虑这部分对界面张力的影响。

对亲油的支撑体，支撑体微孔理想化了，液膜有机溶液被吸附在微孔内，则支撑体、水相、液膜之间的毛细管作用力，可以用 Young-Dupre 公式计算[12]：

$$p_c = \frac{2\gamma}{a}\cos\theta \tag{2-35}$$

式中，p_c 为毛细管内的压力；γ 为液膜溶液-水界面张力；a 为毛细管的半径；θ 为膜有机溶液和支撑体的接触角，通常 $\theta < 90°$，依靠毛细管作用力，微孔内吸附液膜有机相。实际上，支撑液膜两侧的料液相和反萃取相的组成不一样，料液相和支撑液膜之间的界面以及反萃取相和支撑液膜之间的界面有较大的差异，这样两个界面的界面张力（γ）也必然有差异。根据式(2-35)计算，在支撑液膜两侧存在压力差 Δp_c，这样势必影响支撑液膜稳定性。为了使液膜有机溶液能稳定吸附在支撑体微孔中，要保持膜两侧的压强处于平衡。

若支撑体亲水，微孔内是水相，应用式(2-35)计算，γ 为料液相或反萃取相水溶液的表面张力，θ 为料液相或反萃相水溶液与支撑体的接触角，此时 $\theta < 90°$，水进入支撑体微孔内，造成微孔内有机相泄漏进入水相。为使水不进入支撑体微孔而挤走微孔内吸附的膜有机相，要求水与支撑体的接触角 $\theta > 90°$。故式(2-35)中的 γ、a、θ 是选择支撑液膜体系的水相组成、有机溶剂、载体、支撑体时要考虑的重要参数。

2.5　支撑液膜传质的热力学

支撑液膜体系传质的热力学问题是对溶质如何从料液通过液膜进入反萃液的推动力进行研究。一般而言，液膜模拟生物膜的输运功能是处于非平衡态条件下的运行过程。如果在液膜运行操作中的各个传输步骤处于稳态条件，则可以把同时进行的萃取和反萃取反应从平衡态热力学角度来讨论支撑液膜体系传质的推动力问题。本节以 HEH(EHP)(P_{507})-CCl_4 大块液膜迁移 Co^{2+} 为例[13]，探讨液膜传质的热力学问题。相应的萃取化学反应方程式为：

$$Co_{(f)}^{2+} + 2H_2A_{2\,org(1)} \underset{}{\overset{K_1}{\rightleftharpoons}} (CoA_2 \cdot 2HA)_{org(1)} + 2H_{(f)}^+ \tag{1}$$

式中，org 代表有机相；f 代表料液相；HA 和 H_2A_2 分别代表 P_{507} 在非极性溶剂 CCl_4 中的单体和二聚体；K_1 为萃取反应的平衡常数；下标小括号中的 1 表示对应项在萃取侧的浓度（假定溶液很稀，溶质浓度和活度相等），其中：

$$K_1 = \frac{[(CoA_2 \cdot 2HA)_{org(1)}][H_{(f)}^+]^2}{[Co_{(f)}^{2+}][H_2A_{2\,org(1)}]^2} \tag{2-36}$$

反萃取化学反应方程式为：

$$(CoA_2 \cdot 2HA)_{org(2)} + 2H_{(s)}^+ \overset{K_2}{\rightleftharpoons} Co_{(s)}^{2+} + 2H_2A_{2\,org(2)} \tag{2}$$

式中，s 代表反萃取相；K_2 为反萃取反应的平衡常数；下标小括号中的 2 表示对应项在反萃取侧的浓度（假定溶液很稀，溶质浓度和活度相等），其中：

$$K_2 = \frac{\left[Co^{2+}_{(s)}\right]\left[H_2A_{2\,org(2)}\right]^2}{\left[(CoA_2 \cdot 2HA)_{org(2)}\right]\left[H^+_{(s)}\right]^2} \tag{2-37}$$

对于液膜体系，萃取和反萃取反应在液膜两侧界面同时进行，如果载体的浓度比溶质的浓度高很多，可以忽略和 Co^{2+} 配位的载体浓度，则下式成立：

$$\left[H_2A_{2\,org(1)}\right] = \left[H_2A_{2\,org(2)}\right] \tag{2-38}$$

由于 Co^{2+} 在料液中的浓度很低，Co^{2+} 和载体形成的配合物在液膜相中的浓度梯度可忽略不计，则有下式：

$$\left[(CoA_2 \cdot 2HA)_{org(1)}\right] = \left[(CoA_2 \cdot 2HA)_{org(2)}\right] \tag{2-39}$$

如果考虑式(2-38) 和式(2-39)，计算下式：

$$K_1 K_2 = \frac{\left[Co^{2+}_{(s)}\right]\left[H^+_{(f)}\right]^2}{\left[Co^{2+}_{(f)}\right]\left[H^+_{(s)}\right]^2} \tag{2-40}$$

由于化学反应方程（2）是（1）的逆反应，但萃取反应和反萃取反应发生在两个不同的界面上，整理式(2-40)，得：

$$\frac{\left[Co^{2+}_{(s)}\right]}{\left[Co^{2+}_{(f)}\right]} = \frac{\left[H^+_{(s)}\right]^2}{\left[H^+_{(f)}\right]^2} \times K_1 K_2 \tag{2-41}$$

在该研究中，料液相 $pH = 5.9$，$\left[H^+_{(f)}\right] = 10^{-5.9}\,mol/L$，反萃取相 $\left[H^+_{(s)}\right] = 0.66\,mol/L$，代入上式，得：

$$\frac{\left[Co^{2+}_{(s)}\right]}{\left[Co^{2+}_{(f)}\right]} = 2.75 \times 10^{11} K_1 K_2 \tag{2-42}$$

如果 $2.75 \times 10^{11} K_1 K_2 \gg 1$，则应有 $K_1 K_2 \gg 1/(2.75 \times 10^{11}) = 3.64 \times 10^{-12}$ 就能保证 $\left[Co^{2+}_{(s)}\right] \gg \left[Co^{2+}_{(f)}\right]$ 成立，这说明该支撑液膜体系具有传质推动力，能有效富集钴（Ⅱ）。从动力学上考虑，反萃液中高浓度的 Co^{2+} 是否会对 Co^{2+} 从液膜相扩散至反萃取液中形成阻力呢？在本实验条件下，当液膜相载体浓度是 $0.025\,mol/L$ 时，迁移3h，料液相（C_f线）中 Co^{2+} 浓度降至很低，而反萃取相（C_s线）中 Co^{2+} 浓度又逐渐升至较高浓度，这说明形成阻力以阻止 Co^{2+} 的迁移可能性很小。空白试验表明，Co^{2+} 的迁移完全是载体 P_{507} 所致。由图 2-10 可见，在 $t = 3 \sim 4h$ 范围内任取一点，则对应的相应值都有 $C_s/C_f = \left[Co^{2+}_{(s)}\right]/\left[Co^{2+}_{(f)}\right] \gg 1$，即证明下式极易成立：$2.75 \times 10^{11} K_1 K_2 \gg 1$。这证实上述分析的可靠性。可见，热力学证明

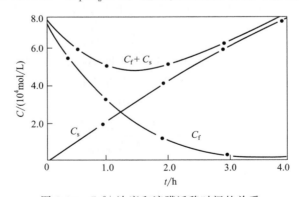

图 2-10　Co^{2+} 浓度和液膜迁移时间的关系

C_f—料液相 Co^{2+} 浓度随时间的变化；C_s—反萃取液中 Co^{2+} 浓度随时间的变化；

$C_f + C_s$—料液和反萃取液中 Co^{2+} 浓度总和随时间的变化

此液膜体系对 Co^{2+} 有很强的富集能力。该支撑液膜体系具有的传质推动力来源于液膜体系中各物种的化学位及化学反应、溶质传输的相互耦合。

2.6 支撑液膜传质的动力学

上述热力学分析可以判断一个支撑液膜体系的传质方向和限度，而支撑液膜的耦合传输机理和速率则是支撑液膜传质动力学研究的内容。可以设想，如果支撑液膜体系中溶质耦合传输速率很低，该体系就无实际应用价值。因而，支撑液膜传质动力学的研究是很重要的研究内容。

2.6.1 平板型支撑液膜的传质动力学

P. R. Danesi 关于平板型支撑液膜传质动力学的研究是很有代表性的。图 2-11 是他提出的平板型支撑液膜中金属离子逆向耦合传输过程的传质模型，由此可推导出相应的传质速率方程式[14-16]。

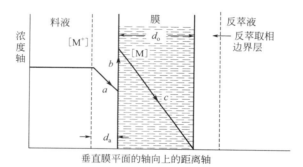

图 2-11 平板型支撑液膜体系的传质模型

a—水相扩散过程 $\Delta_a = d_a/D_a$；b—化学反应过程 K_1，K_{-1}；c—膜内扩散过程 $\Delta_o = d_o/D_o$

平板型支撑液膜的传质过程由五个步骤组成。

（1）金属离子 M^+ 在厚度为 d_a [当搅拌转速和料液组成一定时，水边界层厚度（d_a）是一定的] 的水边界层内扩散，并假设在水边界层内 M^+ 的浓度梯度是线性的，而在料液中 M^+ 的浓度是均匀的，则 M^+ 沿垂直于液膜平面的轴向扩散遵守 Fick 第一定律：

$$J_a = -D_a \frac{\partial[M^+]}{\partial X} \tag{2-43}$$

式中，J_a 为 M^+ 在垂直于液膜平面的轴向方向上的流量；D_a 为金属离子 M^+ 在料液中的扩散系数；负号表示流量与浓度梯度的符号相反；X 为垂直于膜平面的轴向距离。因在水边界层内 M^+ 的浓度梯度是线性的且恒定，故 $\partial[M^+]/\partial X = d[M^+]/dX$，根据导数的定义，式(2-43) 可改写为：

$$J_a = -\frac{D_a}{d_a}\{[M^+]_i - [M^+]\} = -\frac{1}{\Delta_a}\{[M^+]_i - [M^+]\} \tag{2-44}$$

式中，$\Delta_a = d_a/D_a$；$[M^+]$ 为 M^+ 在料液本体中的浓度；$[M^+]_i$ 为 M^+ 在膜-料液界面上的浓度。

（2）金属离子 M^+ 与载体分子在萃取侧的膜-料液相界面反应形成配合物或缔合物。当载体和 H^+ 的浓度比 M^+ 的界面浓度大得多时，正向反应的速率只与 M^+ 在界面的浓度（$[M^+]_i$）有关，同样在界面上 M^+ 和载体形成的配合物（$[M]_{i(org)}$）的浓度也比载体的浓度低得多，因而逆向反应速率也只与 $[M]_{i(org)}$ 有关。可见正、反两个方向的反应都是一个准一级反应过程，反应物生成的流量（J_c）是：

$$J_c = K_1[M^+]_i - K_{-1}[M]_{i(org)} \tag{2-45}$$

式中，K_1 和 K_{-1} 分别为载体分子和 M^+ 在料液-膜界面配位生成配合物的正、逆反应的反应速率常数。

（3）在第二步中形成的配合物或缔合物在液膜有机相中扩散，到达反萃取侧的膜-反萃取相界面。假设液膜相的配合物或缔合物在介电常数很小的膜溶剂中的离解可以忽略，它们的浓度梯度变化在膜内是线性的，那么，配合物或缔合物在膜中的扩散也遵守 Fick 第一定律，其流量（J_o）为：

$$J_o = -D_o \frac{\partial[M]_{org}}{\partial X} \tag{2-46}$$

式中，J_o 为垂直于液膜平面的轴向方向上的流量；D_o 为配合物或缔合物在液膜有机相中的扩散系数；负号表示流量与浓度梯度的符号相反；X 为垂直于液膜平面的轴向距离；$[M]_{org}$ 为配合物或缔合物在液膜有机相中的浓度。由于膜相中配合物的浓度梯度是线性的，且恒定，故有 $\partial[M]_{org}/\partial X = d[M]_{org}/dX$，式（2-46）可写成：

$$J_o = -\frac{D_o}{d_o}\{[M]_{org(i)} - [M]_{i(org)}\} = \frac{1}{\Delta_o}[M]_{i(org)} \tag{2-47}$$

式中，d_o 为液膜有机相厚度；$\Delta_o = d_o/D_o$。当金属离子在液膜相两侧的分配比（K_d）相差很大时，那么在反萃取一侧的液膜有机相-反萃取相界面的配合物浓度 $[M]_{org(i)}$ 可以忽略。$[M]_{i(org)}$ 是萃取侧的膜-料液相界面反应形成的配合物或缔合物的浓度。

（4）配合物或缔合物在反萃取侧的液膜有机相-反萃取相界面发生反萃取反应。这一步一般比液膜有机相内的扩散快很多，可以忽略反萃取速率对整个传质速率的影响。

（5）因反萃取反应离解出的金属离子从液膜-反萃取相界面向反萃取液本体扩散。这一扩散比液膜有机相内扩散快得多，可以忽略这一扩散对整个传质速率的影响。

在稳态条件下，因有 $J_o = J_c = J_a = J$，故从式（2-47）解出 $[M]_{i(org)}$，代入式（2-45），求出 $[M^+]_i$，再代入式（2-44），并令 $[M^+] = C$，整理得：

$$J = \frac{K_1}{K_1\Delta_a + K_{-1}\Delta_o + 1} \times C \tag{2-48}$$

若定义：

$$P = \frac{K_1}{K_1\Delta_a + K_{-1}\Delta_o + 1} \tag{2-49}$$

P 是支撑液膜体系的传质渗透系数（permeability coefficient），能度量其传质速率。将式（2-49）代入式（2-48），有下式：

$$J = PC \tag{2-50}$$

式（2-50）表示，平板型支撑液膜体系的传质符合一级反应速率的特征。在一定温度和压力下，渗透系数 P（cm/s）和 K_1、K_{-1}、Δ_a、Δ_o 等参数有关。

在稳态条件下，在液膜有机相-料液界面有如下关系：

$$K_1[M^+]_i = K_{-1}[M]_{i(org)} \tag{2-51}$$

$$K_d = \frac{[M]_{i(org)}}{[M^+]_i} = \frac{K_1}{K_{-1}} \tag{2-52}$$

K_d 是分配比，若 $K_d \gg 1$，则式（2-49）变成：

$$P = \frac{K_d}{K_d \Delta_a + \Delta_o} \tag{2-53}$$

因为在支撑液膜分离实验中，可以测量料液中金属离子（M^+）浓度（C）随时间 t 的变化速率（dC/dt），金属离子透过膜的流量可以写成如下形式：

$$J = -\frac{dC}{dt} \times \frac{V}{A\varepsilon} \tag{2-54}$$

式中，V 为料液总体积；A 为平板支撑液膜的表观面积；ε 为固体支撑体的孔隙率。由式（2-50）和式（2-54）可得：

$$-\frac{dC}{C} = \frac{PA\varepsilon}{V} dt \tag{2-55}$$

上式的积分区间是：$t=0$，$C=C_0$；$t=t$，$C=C_t$。C_0 是料液中金属离子（M^+）初始（$t=0$）的浓度，C_t 是料液中 t 时刻金属离子的浓度。积分后得下式：

$$\ln \frac{C_t}{C_0} = -\frac{PA\varepsilon}{V} \times t \tag{2-56}$$

式（2-56）是测定渗透系数（P）的依据。方法是在不同时刻 t 于支撑液膜体系的料液中取样，分析金属离子的浓度 C_t，以 $\ln(C_t/C_0)$ 对 t 作图，从图中的直线斜率 $=-PA\varepsilon/V$ 中求出 P（cm/s）。目前用 Origin 软件或其他微机很容易得到直线斜率。改变实验条件，观察 P 的变化，选择最佳的实验条件。式（2-56）的另一种等价形式是：

$$\lg \frac{C_t}{C_0} = -\frac{PA\varepsilon}{2.303V} \times t \tag{2-57}$$

图 2-12 描述了 P_{507} 萃钴（Ⅱ）的膜体系中 $\ln(C_t/C_0)$ 和 t 的关系。

文献 [17] 根据式（2-49）定义，测定的膜体系的渗透系数（P）的倒数（R）称为膜体系的传质阻力。总的膜阻力 R 和上述五个步骤中的前三个步骤的相应阻力有如下关系：

$$\frac{1}{P} = R_a + R_c + R_o \tag{2-58}$$

式中，$R_a = \Delta_a$，代表水扩散层阻力；$R_c = 1/K_1$，为料液相-液膜有机相界面化学反应阻力；$R_o = \Delta_o/K_d$，为液膜有机相扩散层阻力。

文献 [15] 定义了支撑液膜体系分离料液中两种金属离子（M_1 和 M_2）的分离因子（α_{12}）：

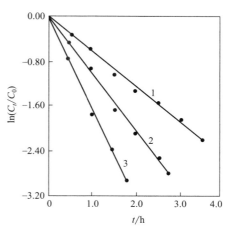

图 2-12　P_{507} 萃钴（Ⅱ）的膜体系中
$\ln(C_t/C_0)$ 和 t 的关系

1—0.01mol/L；2—0.025mol/L；
3—0.05mol/L

$$\alpha_{12} = \frac{P_1}{P_2} \qquad (2\text{-}59)$$

由于同一料液中的两种金属离子的 Δ_a 和 Δ_o 基本相同，而载体对两种金属离子的选择性有差异，将式（2-53）引入上式中，可得：

$$\alpha_{12} = \frac{K_{d1}}{K_{d2}} \times \frac{K_{d2}\Delta_a + \Delta_o}{K_{d1}\Delta_a + \Delta_o} \qquad (2\text{-}60)$$

当 $K_{d1}\Delta_a \ll \Delta_o$，$K_{d2}\Delta_a \ll \Delta_o$ 时，可得出：

$$\alpha_{12(\max)} = \frac{K_{d1}}{K_{d2}} \qquad (2\text{-}61)$$

式（2-61）表示，支撑液膜体系的最大分离因子等于和液膜有机相有相同组成的溶剂萃取体系的分离因子。如果 $\alpha_{12(\min)} = 1$，支撑液膜体系完全失去了对被迁移溶质的选择性。为了得到最大的 $\alpha_{12(\max)}$，最好是 $K_{d1} \gg 1$，而 $K_{d2} \ll 1$，这就要求对被分离的溶质挑选高选择性的载体和选择高效的反萃取剂，同时也要选择对支撑液膜体系相宜的其他分离实验条件才能达到最大的 $\alpha_{12(\max)}$。

如果料液中金属离子浓度较高，载体分子被金属离子饱和，处于已配位的载体浓度比游离态的载体浓度高很多，再假定在液膜相中游离载体的扩散系数比金属离子-载体配合物的扩散系数高很多，致使游离载体分子从液膜-反萃取相界面返回至料液-液膜萃取界面时的扩散不会是速率决定步骤，在稳态膜流量中可以忽略它，因而有如下通量方程和 C_t 与 t 关系[15,18,19]：

$$J = \frac{[\overline{E}]}{n\Delta_o} \qquad (2\text{-}62)$$

$$C_t = C_0 - \frac{[\overline{E}]}{n\Delta_o} \times \frac{A\varepsilon}{V} \times t \qquad (2\text{-}63)$$

式中，$[\overline{E}]$ 为载体在液膜相中的总浓度；n 为金属离子的配位数；其他符号的意义同前。式（2-63）显示，液膜相的扩散为速率控制步骤，体系的传质速率由液膜相的参数决定。

2.6.2　中空纤维支撑液膜的传质动力学

文献 [20] 采用如图 2-13 和图 2-14 所示的中空纤维管推导料液一次通过中空纤维支撑液膜的金属离子迁移的动力学方程。

料液从中空纤维管内流过，流动方向平行于管壁（Z 轴），反萃取溶液在管外流过，中空纤维管壁的微孔充满液膜有机相，金属离子在垂直于管壁的方向（r 轴）迁移至管外的膜-反萃取相界面处，被反萃取相反萃取，进入反萃取相本体。金属离子穿越支撑液膜而迁移的浓度用 C 表示。在图 2-13 中：J_a 是在 $r = R - d_a$ 处的流量；J_o 是在 $r = R$ 处的流量；$\overline{C_i}$ 是在料液-膜界面处（$r = R$）膜侧的界面浓度；C_i 是在料液-膜界面处（$r = R$）料液侧的界面浓度；C_Z 是在 Z 处（$0 \leqslant r \leqslant R$）的本体浓度；$R$ 是中空纤维管的半径（内径）；d_o 是中空纤维管的管壁厚度，因管壁充满微孔而吸附液膜有机相，d_o 等于支撑液膜的膜厚；d_a 是中空纤维管内壁的环形水边界层的厚度。

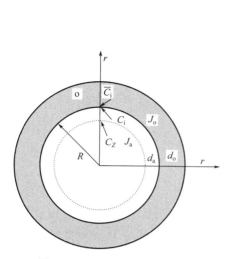

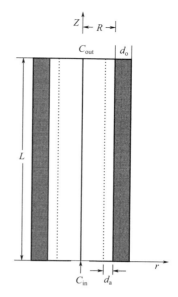

图 2-13　中空纤维管横截面图　　　　　图 2-14　中空纤维管纵截面图

在图 2-14 中：Z 是纵向坐标；r 是径向坐标；C_{out} 是 $Z=L$ 处的输（流）出浓度；C_{in} 是 $Z=0$ 处的输入浓度；L 是中空纤维长度。虚线表示恒定厚度（d_a）的环型水边界层延伸至长为 L 的整条中空纤维。

为了推导中空纤维支撑液膜传质动力学方程，除了采用平板支撑液膜传质的五个相同假定步骤外，还需假定在中空纤维管内的 Z 轴上每一点的径向截面（$R-d_a$）区域中，金属离子的浓度是均匀的，而在水边界层内（d_a）存在线性浓度梯度，金属离子浓度沿 Z 轴线性变化。由于 J_a 是在 $r=R-d_a$ 处的流量，J_o 是在 $r=R$ 处的流量，在稳态传质时，有 $J_o \times 2\pi RL = J_a \times 2\pi L(R-d_a)$，整理得：

$$J_o = J_a \frac{R-d_a}{R} \tag{2-64}$$

因在水边界层内 M^+ 的浓度梯度是线性的且恒定，故有：

$$J_a = \frac{D_a}{d_a}(C_Z - C_i) \tag{2-65}$$

$$J_o = \frac{D_o}{d_o \tau} \times \overline{C_i} \tag{2-66}$$

式中，τ 为支撑液膜弯曲因子。考虑分配比（K_d），有：

$$K_d = \frac{\overline{C_i}}{C_i} \tag{2-67}$$

从式（2-64）到式（2-67）联立求解，得：

$$J_a = \frac{K_d \times [R/(R-d_a)] \times C_Z}{K_d \times [R/(R-d_a)] \times (d_a/D_a) + d_o \tau / D_o} \tag{2-68}$$

考虑长度为 L 的整一根中空纤维在每一单位时间金属离子的总通量（单位：mol）为：

$$m = \int_0^L J_a \times 2\pi(R-d_a) \mathrm{d}Z \tag{2-69}$$

假定金属离子的浓度和流量都很低，Z 值很小，而金属离子浓度随 Z 的一级指数衰减近似为线性函数，则有：

$$C_Z = C_{in} - \frac{C_{in} - C_{out}}{L} \times Z \tag{2-70}$$

由于料液中低的金属离子浓度而引起的回收的金属离子的物质的量很小，将式（2-70）代入式（2-68），所得结果再代入式（2-69），积分得：

$$m = \frac{K_d}{K_d \Delta_a^* + \Delta_o^*} \tag{2-71}$$

$$\Delta_a^* = \frac{R}{R - d_a} \times \frac{d_a}{D_a} \tag{2-72}$$

$$\Delta_o^* = \frac{d_o \tau}{D_o} \tag{2-73}$$

式中，Δ_a^* 为水边界层扩散参数，cm/s；Δ_o^* 为膜扩散参数，cm/s；D_a 为金属离子在水溶液中的扩散系数；D_o 为金属离子形成的配合物在膜中的扩散系数。对整根中空纤维总的质量平衡有：

$$m = Q(C_{in} - C_{out}) = \overline{U} \pi R^2 (C_{in} - C_{out}) \tag{2-74}$$

式中，Q 为通过整根纤维的流动速率，cm^3/s；$\overline{U}$ 为平均线性流动速率，cm/s。考虑式（2-71）和式（2-74），可以求得下式：

$$C_{out} = C_{in} \left(\frac{\phi - 1}{\phi + 1} \right) \tag{2-75}$$

其中：

$$\phi = \frac{R \overline{U}}{P^* L \varepsilon} \tag{2-76}$$

$$P^* = \frac{K_d}{K_d \Delta_a^* + \Delta_o^*} \tag{2-77}$$

式中，ε 为固体支撑体的孔隙率；P^* 等同于平板型支撑液膜的渗透系数，是中空纤维支撑液膜的渗透系数。式（2-75）只适用于单根中空纤维管支撑液膜体系而且 $\phi > 1$。若 $\phi = 1$，料液中金属离子的浓度在出口处降为 0。而 $\phi < 1$，C_{out} 为负值，这说明金属离子浓度随 Z 的一级指数衰减不能近似为线性函数，式（2-70）不能代入式（2-68）中积分，式（2-75）在此种情形下不再有效，显示出料液一次通过中空纤维支撑液膜后在出口处可获得较高的金属离子回收率，只要中空纤维的长度（L）增加，C_{out} 渐近地接近 0。

对于含金属离子的料液一次通过含 N 根中空纤维的支撑液膜，ϕ_N 的表达式为：

$$\phi_N = \frac{Q_T}{P^* L \varepsilon \pi N R} \tag{2-78}$$

式中，Q_T 为料液通过含 N 根中空纤维的支撑液膜的总流动速率，cm^3/s。一般情况下，中空纤维的管壁厚度（d_o）和弯曲因子（τ）使得 $\Delta_o^* \gg K_d \Delta_a^*$，按照式（2-77）则有 $P^* \approx K_d / \Delta_o^*$。可以用式（2-78）预测中空纤维支撑液膜体系的运行参数，如料液总流量（Q_T）、中空纤维半径（R）和长度（L）、支撑体孔隙率（ε）、中空纤维根数（N）等，P^* 用 K_d / Δ_o^* 估计。利用这些参数的组合控制 ϕ_N（或 ϕ）。

考虑料液在一个如图 2-15 所示的中空纤维支撑液膜组件中循环运作，C_{in} 是浓度（C）

变量，导出相应的传质方程。

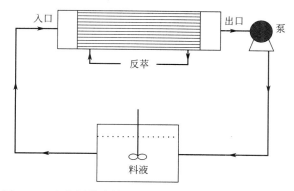

图 2-15　中空纤维支撑液膜组件中料液循环运作示意图

设料液总体积为 V（cm^3），料液罐内的物料平衡为：

$$-V \frac{dC_{in}}{dt} = Q(C_{in} - C_{out}) \tag{2-79}$$

中空纤维支撑液膜组件的物料平衡为：

$$P^* \times 2\pi RLN\varepsilon \times \frac{C_{in} + C_{out}}{2} = Q(C_{in} - C_{out}) \tag{2-80}$$

式（2-79）和式（2-80）左边应相等，代入式（2-75）消去 C_{out}，积分，则有：

$$\ln\left(\frac{C_{in}}{C_{in}^0}\right) = -\frac{A}{V} \times \frac{\phi}{\phi+1} \times P^* t \tag{2-81}$$

式中，C_{in}^0 为料液中金属离子的浓度（$t=0$）；C_{in} 为 t 时刻料液中金属离子的浓度；A 为膜组件中所有中空纤维管的内表面面积（$A = 2\pi RLN\varepsilon$），上述公式中其他字母的意义同上。式（2-81）适用于 $\phi > 1$。当 $\phi \gg 1$ 时，C_{out} 接近 C_{in}，式（2-81）变为式（2-56），中空纤维支撑液膜的传质与平板型支撑液膜的传质相同。

当料液中金属离子的浓度很高，液膜相载体分子几乎全部被金属离子饱和时，金属离子的通量（J_a）不随 Z 轴而变化，假定（$R-d_a$）$\approx R$，积分式（2-69），得：

$$m = \frac{[\overline{E}]}{n\Delta_o^*} \times 2\pi RL\varepsilon \tag{2-82}$$

式中，$[\overline{E}]$ 为载体在液膜相中的总浓度。将式（2-82）和式（2-74）联系，考虑整根中空纤维的物料平衡有：

$$C_{out} = C_{in} - \frac{[\overline{E}] \times 2L\varepsilon}{n\Delta_o^* \overline{U}R} \tag{2-83}$$

对于料液循环运行的中空纤维支撑液膜组件而言，当料液中金属离子的浓度很高，膜相载体分子几乎全部被金属离子饱和时，相应的物料平衡方程为：

$$-V \frac{dC_{in}}{dt} = \frac{[\overline{E}]}{n\Delta_o^*} \times 2\pi RL\varepsilon \tag{2-84}$$

积分上式，得：

$$C_{in} = C_{in}^0 - \frac{[\overline{E}]At}{n\Delta_o^* V} \tag{2-85}$$

当料液中金属离子的浓度很高，液膜相载体分子几乎全部被金属离子饱和时，式（2-83）要成立，必须要满足 $[\overline{E}] \times 2L\varepsilon/(n\Delta_o^* \overline{U}R) \ll C_{in}$ 的条件，而式（2-85）要成立，必须要满足 $[\overline{E}]At/(n\Delta_o^* V) \ll C_{in}^0$ 的条件。

2.7 与液膜有关的流变学简介

流变学（Rheology）是研究在外力作用下，物质流动和形变的科学。它涉及的范围很广，大至土木建筑、冰川的移动，小到细胞和微生物的移动以及工业上的油漆、橡胶、钻井泥浆、塑料、纺织、食品、化妆品等诸多行业都和流变学有着密切的关系。研究流变学有两种方法：一种是用数学方法来描述物体的流变性质，不追究表现这种流变性质的内在原因；另一种是通过实验，从体系表现出来的流变性质联系到体系内部微观结构的本质原因，并非是单从流变性质去揭示液体体系的内部结构。本节仅讨论胶体化学范围内液-液体系的流变性质，探索切应力、切变速率、时间三者的关系，从这三者的关系加深对支撑液膜体系中的液膜有机相、料液相、反萃取相与支撑液膜稳定性和分离效率的关系的认识，为高效、稳定、快速的支撑液膜体系的设计提供理论上的认识和支持。

2.7.1 黏度和牛顿流体、非牛顿流体

黏度是液体流动时所表现出来的内摩擦。为阐述黏度的定义，用图 2-16 做简要说明[11]。

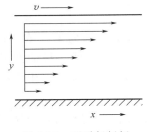

图 2-16 两平行板间的黏性流动

若在两平行板间盛以某种液体，一块板是静止的，另一块板以速度 v 向 x 轴方向匀速运动。如果将液体沿 y 方向分成许多薄层，则各液层向 x 轴方向的流速随 y 值的不同而改变。图 2-16 中，用长短不同带有箭头且相互平行的线段表示各层液体的速率，这样的示意线段称为流线，液体的这种形变称为切变。液体流动时有速率梯度 $\mathrm{d}v/\mathrm{d}y$ 存在，运动较慢的液层阻滞较快层的运动，因此产生流动阻力。若用速率梯度 $\mathrm{d}v/\mathrm{d}y$ 表示切变，这种切变也称为切速率，简称切速。切速表示每层液体的流速 v 与距离 y 有关。为了维持某一切速率，则要对上面平行板施加一恒定的力 F，此力称为切力（shearing force）。若板的面积是 A，则切力与切速率应有如下关系：

$$F = A\eta \frac{\mathrm{d}v}{\mathrm{d}y} \tag{2-86}$$

令 D 表示切速率，τ 表示单位面积上的切力（即 $\tau = F/A$），则有：

$$\tau = \eta D \tag{2-87}$$

式中，η 为切力与切速率之间的比例系数，称为液体的黏度。式（2-86）和式（2-87）两式称为牛顿黏度公式。凡遵守牛顿黏度公式的流体就称为牛顿流体（Newtonian fluids）。而不遵守牛顿黏度公式的流体就称为非牛顿流体（non-Newtonian fluids）。牛顿流体的特点是 η 只与温度有关。对给定的牛顿液体，在定温下 η 有定值，不会因为 τ 和 D 值的不同，η 值发生改变。在上述体系中，处于稳定状态的流动称为层流，在同一层上各点的流速相同，不随时间而改变。当流速超过某一限度时，层流变为湍流，有不规则的或随时间而变的漩涡产生，此时就不再服从式（2-86）和式（2-87）两式。

大多数纯液体、小分子化合物的稀溶液或含分散相很少的分散体系均为牛顿流体。而浓分散体系由于分散相粒子浓度大，粒子间、粒子与介质间的相互作用强烈，而且多样化，因而浓分散体系大多是非牛顿流体。实际中使用的大多数是浓的分散溶液。黏度的单位是 Pa·s，在室温下，水的黏度为 1mPa·s。

2.7.2　流型

在流变学中常以切速率（D）为纵坐标，切力（τ）为横坐标作图，得到的曲线称为流变曲线，流变曲线的不同类型称为流型。不同体系有不同的流变曲线。

牛顿流体的流型为牛顿型，其 D-τ 线为通过原点的直线，是非时间依赖关系的流型。

非牛顿流体包括非时间依赖关系的流型（塑性型、假塑性型、胀性型）和时间依赖关系的流型（触变型、震凝型）。

有些体系的黏度随切速率的增加而减小，这种现象称为切稀（shear thining）作用。还有些体系的黏度随外切力（τ）或切速率（D）的增加而增加，这种现象称为切稠（shear thickening）作用。图 2-17 描述了四种流型的相应曲线，曲线上任一点的黏度是这点的切力与切速率之比，即 $\eta = \tau/D$，此黏度又称视黏度。

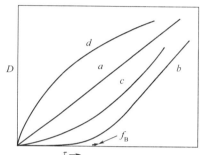

图 2-17　四种流型的相应曲线

a—牛顿型；b—塑性型；
c—假塑性型；d—胀性型

2.7.3　假塑性体系和塑性体系

假塑性体系的流变曲线如图 2-17 中的曲线 c。其特点是：①流变曲线从原点开始，体系没有塑变值；②黏度不是一个固定不变的常数，具有切稀作用。其流动行为常用指数公式描述：

$$\tau = KD^n \quad (0 < n < 1) \tag{2-88}$$

n 和 K 因液体不同而异，K 是液体稠度的量度，K 值愈大，液体愈黏。由于 $n < 1$，所以稠度随切力 D 的增加而减小（切稀作用）。$n = 1$，为牛顿流体。属于假塑性流体的有羧甲基纤维素、淀粉、橡胶等高分子溶液。

如图 2-17 中的曲线 b，塑性流体流变曲线的特点是具有塑变值（亦称为屈服值，用 f_B 表示），而且流变曲线是不通过原点的曲线。有些体系虽具有塑变值，但在超过塑变值后，τ-D 之间不呈线性关系，这些体系也属于塑性流体。

2.7.4　胀性体系

图 2-17 中的曲线 d 是胀性体系的流变曲线。有些固体粉末的高浓度浆状体在搅动时，其体积和刚性都有增加，故称为胀性体系（dilatancy system）。此体系的特点是：①无屈服值；②黏度随切变速度（D）的增加而升高，具有切稠作用。其流变曲线可用指数形式描述：

$$\tau = KD^n \quad (n > 1) \tag{2-89}$$

钻井时所用的泥浆，如出现很强的胀性流型时，就会发生严重的卡钻事故。

2.7.5 触变性体系

上述各种体系都有一个共同点，就是它们的各种流变性质与时间无关，均可用 $\tau = f(D)$ 来描述，此关系式内不包含时间因素。某些流体的黏度不仅与切变速率大小有关，而且与体系经历切变的时间长短有关。此种流体分为两类：①触变性（thixotropy）体系；②震凝性（rheopexy）体系。这两种体系都是非牛顿流体，切变与时间有关。触变性体系维持流体以恒定切变速率的切力随时间而减小，而震凝性体系在一定切变速率下，切力随时间而增大。绝大多数时间依赖性流体是触变性流体。所谓触变性是指一些体系在搅动或其他机械作用下，能使凝胶状的体系变成流动性较大的溶胶，将体系静置一段时间后，又恢复原来的凝胶状态。超过一定浓度的黏土泥浆、油漆、V_2O_5 溶胶等均具有触变性。

触变性流体的显著特点是在用转筒式黏度法测量触变性流体的 τ-D 曲线时，升高切变速率并记录相应的切力数据，直至达到预先确定的某一最高切变速率，再逐渐降低转速，并记录相应的切力数据，则升高切变速率的上行线与降低切变速率的下行线不重合，形成一个滞后环。滞后环的面积是触变性大小的度量。滞后环是两种因素造成的，即时间和切速率。图 2-18 显示了滞后环。一般而言，触变性流体内的质点间形成结构，流动时结构破坏，停止流动时结构恢复，但结构破坏与恢复都不是立即完成的，需要一定的时间，因此体系的流动性质有明显的时间依赖性。触变性可

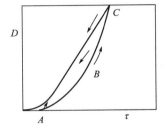

图 2-18 滞后环

以看成是体系在恒温下"凝胶-溶胶"之间的相互转换过程的表现。

文献 [21] 报道了含 PMBP 作载体、渗透剂 OT、石蜡作膜相添加剂的反萃分散组合液膜的有机相体现了非牛顿型流体的触变性（thixotropy）特征，并证明了滞后环的产生与液膜有机相中载体和待分离的铜（Ⅱ）离子形成的配合物的浓度增加有密切关系。这一实验结果证明了开展液膜有机相流变性质的研究对于深化认识支撑液膜体系的分离特性是很有必要的。

考虑液膜有机相的取样量体积要小，最好采用锥板黏度计测定液膜有机相的 τ-D 曲线。

参 考 文 献

[1] 朱珬瑶，赵振国. 界面化学基础 [M]. 北京：化学工业出版社，1996.

[2] 周祖康，顾惕人，马季铭. 胶体化学基础 [M]. 北京：北京大学出版社，1987.

[3] 赵振国. 胶体与界面化学——概要、演算与习题 [M]. 北京：化学工业出版社，2004.

[4] 张兰辉，赵国玺，朱珍瑶. 表面张力与溶液浓度函数关系的拟合 [J]. 化学通报，1991，12：35-37.

[5] 沈静兰，奚正楷，高自立，等. 萃取剂 HDEHP 液-液界面特性的研究 [J]. 有色金属（冶炼部分），1984，5：38-41.

[6] 沈静兰，奚正楷，高自立，等. 液-液萃取体系界面特性的研究 Ⅱ——HEH（EHP）在水和不同稀释剂体系中的界面性质 [J]. 应用化学，1984，1（4）：57-62.

[7] 盖会法，孙思修，高自立，等. 胺类萃取剂液-液界面特性的研究 [J]. 有色金属（冶炼部分），1986（4）：33-37.

[8] 孙国新，杨永会，孙思修，等. 萃取剂 HDEHP 界面性质研究 [J]. 高等学校化学学报，1995，19（11）：1677-1679.

[9] 盖会法，高自立，孙思修，等. 液-液萃取体系界面特性的研究（Ⅲ）——伯胺 N_{1923} 在液-液界面的吸附特性 [J]. 高等学校化学学报，1987，8（9）：767-771.

［10］ 朱玢瑶，赵国玺．液体表（界）面张力的测定——滴体积法介绍［J］．化学通报，1981（6）：21-26．

［11］ 陈宗淇，王光信，徐桂英．胶体与界面化学［M］．北京：高等教育出版社，2001．

［12］ Adamson A W. Physical Chemistry of Surfaces（5th edition）［M］. New York：John Wiley & Sons，1990.

［13］ 何鼎胜，颜智殊，刘新良，等．钴离子在 P_{507}-CCl_4 液膜体系中的活性迁移［J］．膜科学与技术，1997，17（6）：55-59.

［14］ 时钧，袁权，高从堦．膜技术手册［C］．北京：化学工业出版社，2001.

［15］ Danesi P R. Separation of Metal Species by Supported Liquid Membranes［J］. Sep Sci Technol，1984-1985，19（11&12）：857-894.

［16］ 朱国斌，李标国．支撑液膜分离技术原理及展望［J］．稀土，1988（1）：5-13.

［17］ Danesi P R. ISEC' 83. 378.

［18］ Danesi P R，HorwHz E P，Rlckerl P G. Rate and Mechanism of Facilitated Americium（Ⅲ）Transport through a Supported Liquid Membrane Containing a Bifunctional Organophosphorus Mobile Carrier［J］. J Phys Chem，1983（87）：4708-4715.

［19］ Chiarizia R，Castagnola A. Mass transfer rate through solid supported liquid membranes：influence of carrier dimerization and feed metal concentration on membrane permeability?［J］. Journal of Membrane Science，1983，14：1-11.

［20］ Danesi P R. A Simplified Model for the Coupled Transport of Metal Ions Through Hollow-Fiber Supported Liquid membrane［J］. Journal of Membrane Science，1984（20）：231-248.

［21］ Gu Shuxiang，He Dingsheng，Ma Ming. Analysis of Extraction of Cu（Ⅱ）by Strip Dispersion Hybrid Liquid Membrane（SDHLM）using PMBP as Carrier［J］. Solvent Extraction and Ion Exchange，2009，27：513-535.

第3章　支撑液膜分离过程的动力学研究

3.1　研究支撑液膜中萃取和反萃取过程动力学的意义

化学反应动力学是物理化学的重要内容。随着化学和化工领域的发展，人们对化学反应动力学的认识日益深化，化学反应动力学在化学、化工领域的研究内容和应用得到长足的扩展和明显的加强。化学反应动力学的基本任务就是研究化学反应进行的条件——分子结构、浓度、温度、压力、介质和催化剂等因素对化学反应过程反应速率的影响，揭示化学反应的历程（mechanism），并研究物质的结构和反应能力之间的关系，最终目的是控制化学反应过程，使主反应按照所希望的方向进行，并使副反应以最小的速率进行，从而在生产上达到多快好省的目的。

支撑液膜是液膜构型中的一种基本膜型。支撑液膜分离过程中体现了液膜技术的基本特征[1]：①传质推动力大，所需分离级数少，萃取和反萃取分别发生在液膜两侧，同时进行，一步完成，实现了同级萃取和反萃取的耦合，打破了溶剂萃取固有的平衡条件，是具有非平衡特征的传递过程；②有机溶剂使用量少，流动载体在分离中可再生并可循环使用，有效地降低了液膜相与料液相的体积比，使分离过程中的试剂夹带损失减少，因而有可能使用高效昂贵的萃取剂；③被分离物可以从料液低浓度一侧通过液膜向含高浓度被分离物的反萃取溶液中迁移，实现被分离物的"逆浓度梯度迁移"。这些基本特征是很吸引人的，但在具体的分离过程中，支撑液膜稳定性一直不能尽如人意，是阻碍支撑液膜在工业上广泛应用的瓶颈。因而开展支撑液膜中萃取和反萃取过程动力学的研究具有如下意义。

（1）从化学反应动力学角度为系统地了解和认识不同实验条件对液膜体系分离传输溶质的效率、选择性、分离机理的影响，为探索支撑液膜稳定性、液膜新膜型开发、液膜体系的分离特性提供了深层次认识的窗口。

（2）研究动力学协萃体系，寻找适合萃取和反萃取同时进行的可缩短到达平衡时间的液膜分离专用的动力学协萃剂。该动力学协萃剂还能显著提高液膜体系的选择性和膜传输流量，可多次循环使用，还兼有增强膜稳定性的作用。

（3）利用两种待分离溶质 A、B 在达到最大萃取分离平衡所需时间上的差异，实现溶质 A 和 B 的分离，筛选出含单一萃取剂和混合萃取剂的实用支撑液膜体系。

（4）在动力学研究过程中，揭示反应物、中间生成物、产物的分子结构与它们的反应性能之间的关系，并对反应物、中间生成物、产物的分子结构引入量子化学计算，依据计算化学输出的自由能、焓和能量、原子电荷密度和分子轨道等参数和计算化学有关理论（如密度泛函理论及其化学活性理论等）的分析，可以获得萃取分离机理的微观结构信息，这些信息为液膜分离实验设计、预测萃取和反萃取反应的选择性和分离效率，以及有效减少资源浪费提供了理论指导。

（5）为了深度认识液膜萃取和反萃取同时进行、一步完成的双界面反应动力学，获得液膜相稳定性与液膜萃取和反萃取双界面反应速率常数的关系，有必要根据支撑液膜分离过程的动力学研究探索具有和溶剂萃取动力学研究完全不同的特点，设计新的动力学实验研究装置和实验方法，推导液膜分离传输的动力学方程，选择适合于数据拟合的软件、建立数据解析模式等多项举措，旨在开拓化学反应动力学在新领域的研究，丰富化学反应动力学在新领域的研究内容。

3.2 经典反应动力学的基本概念和定理[2-5]

为了研究化学反应动力学中的反应速率和反应机理，探索和分析反应机理如何影响整个反应的表观动力学特征，以及考虑如何从基元反应动力学行为出发，去确定总反应的动力学行为，这就是化学动力学中经典的唯象理论所要解决的问题。

3.2.1 反应速率和质量作用定律

有些化学反应的反应历程很简单。若反应物分子相互碰撞，一步就起反应而转变为生成物，则此反应叫基元反应。若反应的历程较复杂，反应物分子要经过几步碰撞，才能转化为生成物，则此反应就叫非基元反应。若某基元反应在反应的进程中，反应体系的体积 V 是恒定的（例如，在有刚性壁的容器中或在稀溶液中进行的反应），且有如下计量关系：

$$a\mathrm{A}+b\mathrm{B}\longrightarrow e\mathrm{E}+f\mathrm{F} \tag{3-1}$$

反应速率 r 可表示为：

$$r=-\frac{1}{a}\times\frac{\mathrm{d}c_\mathrm{A}}{\mathrm{d}t}=-\frac{1}{b}\times\frac{\mathrm{d}c_\mathrm{B}}{\mathrm{d}t}=\frac{1}{e}\times\frac{\mathrm{d}c_\mathrm{E}}{\mathrm{d}t}=\frac{1}{f}\times\frac{\mathrm{d}c_\mathrm{F}}{\mathrm{d}t} \tag{3-2}$$

式中，$c_i=n_i/V$，为参加反应的各物种的体积浓度，n_i 为参加化学反应的某物种的物质的量。上式的 r 是瞬时速率，它的单位是浓度/时间，如 $\mathrm{mol/(L \cdot s)}$。若某一反应有稳定中间物生成，只能对各组分或组成总反应的各个基元反应分别讨论其反应速率。

在温度不变的条件下，反应速率与浓度的关系为：

$$r=f(c) \tag{3-3}$$

在恒温体系中，反应速率可进一步表示成反应体系中各组分浓度的某种函数关系式，这种关系式称为反应速率方程。例如，对式(3-1)而言，相应的反应速率方程为：

$$r=f(c)=kc_\mathrm{A}^{\alpha_\mathrm{A}}c_\mathrm{B}^{\alpha_\mathrm{B}}c_\mathrm{E}^{\alpha_\mathrm{E}}c_\mathrm{F}^{\alpha_\mathrm{F}} \tag{3-4}$$

式中，k 为反应速率常数，与各组分浓度无关，由反应本身和温度决定；α_A、α_B、α_E、α_F 分别为各浓度 c_A、c_B、c_E、c_F 的相应指数；α_A、α_B、α_E、α_F 一般不和分别对应的 a、b、e、f 相同，它们分别被称为反应对于 A、B、E、F 的级数，$\alpha_\mathrm{A}+\alpha_\mathrm{B}+\alpha_\mathrm{E}+\alpha_\mathrm{F}=n$ 被称为反

应式(3-1)的总级数。对许多反应，$\alpha_E = 0$，$\alpha_F = 0$，即显示出反应速率只与反应物的浓度有关，而与反应生成物的浓度无关。因而，质量作用定律可通俗地表述为：一个简单反应或基元反应的反应速率与反应物的浓度成正比，浓度的指数等于化学计量方程式中各反应物的化学计量系数。质量作用定律不能直接用于复杂反应，但能用于组成复杂反应的任何一步基元反应。

质量作用定律仅适用于化学步骤控制的过程，如果简单反应的速率不是真正由化学过程控制，而是与扩散等物理因素有关，质量作用定律不适用。另外，反应物的浓度过大时，质量作用定律也不适用。

对某些复杂反应而言，反应生成物的浓度也可以出现在反应速率方程中。

3.2.2　阿伦尼乌斯定理

阿伦尼乌斯（Arrhenius）定理描述了反应速率常数对温度的依赖关系。Arrhenius定理指出：在恒定温度下，基元反应的速率与反应体系所处的温度之间的关系可用如下的三种不同的数学形式表示，即：

积分式的指数式
$$k = A e^{-\frac{E_a}{RT}} \tag{3-5}$$

积分的对数式
$$\ln k = \ln A - \frac{E_a}{RT} \tag{3-6}$$

微分式
$$\frac{d \ln k}{d T} = \frac{E_a}{RT^2} \tag{3-7}$$

上述三式中的 R 为理想气体通用常数；k 为反应温度为 T 时的反应速率常数；A 为指数前因子；E_a 为活化能。E_a 和 A 是两个与反应温度及浓度无关，其数值取决于化学反应本性的常数。如果实验温度范围较宽或反应较复杂，E_a 与温度有关。关于 Arrhenius 定理的适用范围可参看化学动力学有关著作。

3.2.3　单向连续反应

若某一组分一方面作为某基元反应的生成产物，同时又作为另外基元反应的反应物而消耗且不再生，这样的反应称为单向连续反应或连串反应。此处仅介绍最简单的一级单向连续反应[2-5]。

$$A \longrightarrow B \longrightarrow C \tag{1}$$

反应开始时（$t = 0$），仅有反应物 A，其浓度为 $c_A = c_A(0)$；在时间 t，各组分浓度为 c_A、c_B、c_C，根据物料平衡，有如下关系式：

$$c_A(0) = c_A + c_B + c_C \tag{3-8}$$

各组分的反应速率分别为：

$$-\frac{d c_A}{d t} = k_1 c_A \tag{3-9}$$

$$\frac{d c_B}{d t} = k_1 c_A - k_2 c_B \tag{3-10}$$

$$\frac{dc_C}{dt}=k_2c_B \tag{3-11}$$

对式(3-9) 进行积分，得：

$$c_A=c_A(0)e^{-k_1t} \tag{3-12}$$

将式(3-12) 代入式(3-10) 中，解之可得：

$$c_B=\frac{k_1c_A(0)}{k_2-k_1}(e^{-k_1t}-e^{-k_2t}) \tag{3-13}$$

将 c_A、c_B代入式(3-8)，得：

$$c_C=c_A(0)\left(1-\frac{k_2}{k_2-k_1}e^{-k_1t}+\frac{k_1}{k_2-k_1}e^{-k_2t}\right) \tag{3-14}$$

如果以 A、B、C 三个物质的浓度对时间 t 作图，得图 3-1[6]。由图 3-1 可知：c_A-t 曲线随时间单调下降；c_C-t 曲线以 S 形随时间单调上升；c_B-t 曲线开始时随时间单调上升，升到某一点（时间为 t_{max}）c_B达到极大值 c_{Bmax}，随着时间的再延长，c_B-t 曲线单调下降。

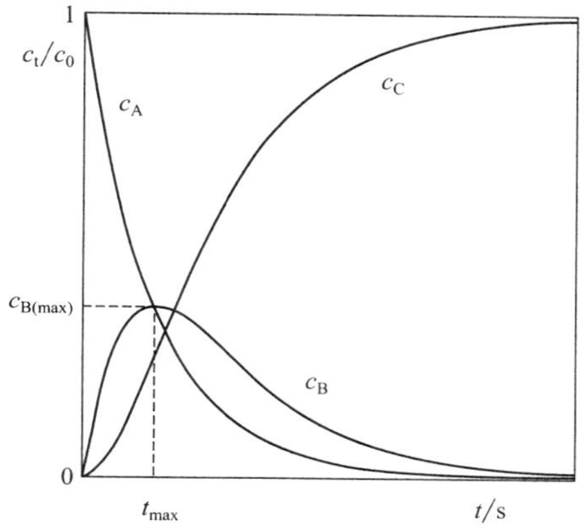

图 3-1　单向一级连续反应 c-t 曲线

根据极值出现的条件，将式(3-13) 对 t 微分，令其等于 0，可求出出现极大值的时间 t_{max} 和 c_{Bmax}：

$$t_{max}=\frac{\ln\frac{k_2}{k_1}}{k_2-k_1} \tag{3-15}$$

$$c_{Bmax}=c_A(0)\left(\frac{k_1}{k_2}\right)^{\frac{k_2}{k_2-k_1}} \tag{3-16}$$

从上式可看出，c_{Bmax}与 $c_A(0)$ 有关，也与$\frac{k_2}{k_1}$比值有关。

将式(3-13) 代入式(3-11) 中，则有：

$$\frac{dc_C}{dt}=\frac{k_2k_1}{k_2-k_1}(e^{-k_1t}-e^{-k_2t})c_A(0) \tag{3-17}$$

依据式(3-17)，讨论 k_2、k_1的相对大小对反应动力学的影响。

(1) 若 $k_2 \gg k_1$，反应进行相当长时间后，e^{-k_2t}可略去，$k_2-k_1 \approx k_2$，式(3-17) 可简化为：

$$\frac{dc_C}{dt}=k_1e^{-k_1t}c_A(0) \tag{3-18}$$

由于 k_2很大，生成的 B 物质迅速转化成产物 C，这相当于整个反应中初始浓度为 $c_A(0)$ 的 A 物质以一级反应速率常数 k_1形成产物 C，由反应方程式(1) 代表的总反应速率由 $A \xrightarrow{k_1} B$ 步骤决定。

（2）若 $k_1 \gg k_2$，$k_2 - k_1 \approx -k_1$，则 $e^{-k_1 t}$ 可略去，式(3-17)可简化为：

$$\frac{dc_C}{dt} = k_2 e^{-k_2 t} c_A(0) \tag{3-19}$$

由于 k_1 很大，开始反应后 A 迅速转化成 B 物质，B 物质的浓度为 $c_A(0)$，这相当于整个反应中浓度为 $c_A(0)$ 的 B 物质以一级反应速率常数 k_2 形成产物 C，由反应方程式（1）代表的总反应速率由 $B \xrightarrow{k_2} C$ 步骤决定。

总结以上两种情况，可得出如下结论：连续反应的总反应速率取决于反应速率常数最小的反应步骤。此结论有两个限制条件，一个是连续一级反应必须进行足够长的时间后才成立，另一个是 k_1 和 k_2 相差很大。

如果连续一级反应进行的时间很短，且 k_1 和 k_2 相差不是很大，会得到上述相同的结论吗？将式(3-17)中括号内的指数部分展开，得到：

$$e^{-k_1 t} = 1 - k_1 t \tag{3-20}$$

$$e^{-k_2 t} = 1 - k_2 t \tag{3-21}$$

以之代入式(3-17)，得：

$$\frac{dc_C}{dt} = \frac{k_2 k_1}{k_2 - k_1}(e^{-k_1 t} - e^{-k_2 t})c_A(0) = k_1 k_2 t c_A(0) \tag{3-22}$$

此式表示，连续一级反应的反应速率也同时受 k_1 和 k_2 的影响。

根据 Arrhenius 定理：

$$k_1 k_2 = (A_1 e^{-\frac{E_1}{RT}})(A_2 e^{-\frac{E_2}{RT}}) = (A_1 A_2)e^{-\frac{E_1 + E_2}{RT}} \tag{3-23}$$

可见，$A_\text{表} = A_1 A_2$，$E_\text{表} = E_1 + E_2$。

3.3 支撑液膜分离过程的动力学模拟研究

3.3.1 迁移池

在支撑液膜分离过程的动力学研究中，设计精巧的迁移池是一个动力学研究的关键实验设备。由于支撑体微孔浸渍的是含有萃取剂的有机溶液（液膜相），而溶质是通过在界面上的萃取反应从料液相被萃取到液膜相，通过在液膜相的扩散，到达液膜相-反萃取相界面，再通过反萃取反应，溶质进入反萃取剂溶液中。故早期的迁移池是借用类似 U 形管式厚体液膜（又名大块液膜，bulk liquid membrane)[1]的装置用在动力学研究中。这种迁移池又因为液膜相的密度比水溶液的密度大或比水溶液的密度小而在结构外形上有差别。厚体液膜迁移池含有料液相、反萃取相、液膜相，三相均适度搅拌有利于各相内的传质。由于是采用间歇式实验，厚体液膜迁移池具有恒定的界面面积，加上操作方便，尤其适用于液膜应用的基础研究实验。

图 3-2 列出了厚体液膜迁移池和支撑液膜动力学研究的迁移池[7-14]。

图 3-2 中，(a)型适用于密度比水大的有机相，但液膜相使用转子搅动，转速控制不便；(b)型和 (c)型适用于密度比水小的有机相（液膜相）。在液膜溶液密度小于水溶液的液膜传输体系中，由于有机液膜溶液浮在水溶液上层会引起各相转速不易控制，从料液相和接受

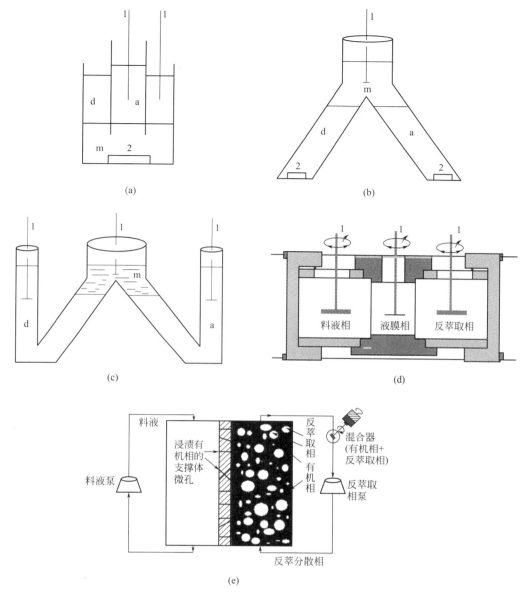

图 3-2　不同构形的迁移池

1—搅拌器；2—转子；d—料液相；m—液膜相（有机相）；a—反萃取相

相取样不方便、困难［(b)型］，导致分析误差大。为此我们对 (b)型迁移池进行改进，成功设计出适用于有机液膜溶液密度小于水溶液密度的液膜传输体系的动力学研究装置［(c)型］。(c)型取样比 (b)型方便，且每一相的转速容易用光电转速仪调控和监测，为获得稳定可靠的动力学数据奠定了基础；(d)型和 (e)型属平板型支撑液膜。文献上报道的反萃取相预分散支撑液膜分离体系是借助于中空纤维膜组件来达到其分离目的，不足之处是不能通过目视直接观察膜组件内中空纤维管内和管外流体流动情况，只能靠取样分析检测后再调整参数，即不能实时调整参数。本研究依据中空纤维膜组件液膜分离原理，应用"组合技术"概念，将反萃取相预分散过程和支撑液膜组合，设计了反萃取相预分散组合液膜专用的平板膜组件。该组件可以通过目视直接观察支撑膜两侧同时发生萃取和反萃取时各相内流体流动的情况，克服了中空纤维管直径小、膜组件内中空纤维管外和管内分别流动的两相不能观察的缺陷，为控制流体流动的流体力学参数，也为支撑液膜和反萃取相预分散组合液膜的比较研究提供了有效的实验手段。同时，（c）、（d）、（e）型迁移池还具有能方便地对液膜有机溶液进行取样的优点，用于测试不同时间段的有机相黏度和流变学等参数，为了解被迁移物种在液膜相中的积累和有机相物理化学性质的变化提供了一个极好的视窗。这对于致力提高支撑液膜分离效率和支撑液膜稳定性的研究是极有帮助的。

3.3.2　单向一级连续反应的动力学模拟

支撑液膜分离实验中，被分离溶质经料液相、跨膜迁移、进入反萃取相的传质过程，可用单向一级连续反应的动力学模拟研究其传质的动力学行为。如果在时间 t 时，被迁移的溶质金属离子 M（为简单计，略去电荷）在料液相（donor phase，d）、膜相（membrane，m）、反萃取相（acceptor phase，a）的浓度分别为 c_A、c_B、c_C，则可建立如下分析步骤[7-15]：

$$A_d \xrightarrow{k_1} B_m \xrightarrow{k_2} C_a \tag{2}$$

$$\begin{array}{cccc} t=0 & c_A(0) & 0 & 0 \\ t=t & c_A & c_B & c_C \end{array}$$

在时间 t 时，令：

$$R_d = \frac{c_A}{c_A(0)} \qquad R_m = \frac{c_B}{c_A(0)} \qquad R_a = \frac{c_C}{c_A(0)} \tag{3-24}$$

根据物料平衡，有：

$$R_d + R_m + R_a = 1 \tag{3-25}$$

按照实验数据，分别作 R_d、R_m、R_a 随时间 t 变化的曲线，则：R_d 随时间增加单调减少；R_m 起初随时间增加单调上升，而后单调下降，在某一时间 t 有一极大值；R_a 随时间增加呈现一条单调上升的S形曲线。这和本章3.2.3节所介绍的单向一级连续反应描述的动力学曲线特征相符合，故实验数据支持支撑液膜迁移溶质的动力学行为可以用两个单向一级连续反应模拟。因而，有如下的动力学方程：

$$-\frac{dR_d}{dt} = k_1 R_d \tag{3-26}$$

$$\frac{dR_m}{dt} = k_1 R_d - k_2 R_m \tag{3-27}$$

$$\frac{dR_a}{dt} = k_2 R_m \tag{3-28}$$

式中，k_1、k_2 为反应方程式（2）中两个单向连续一级反应在料液-液膜相和液膜相-反萃取相两个界面间分别发生的萃取和反萃取反应的表观速率常数（pseudofirst-order apparent rate constant），当 $k_1 \neq k_2$ 时，对上述方程式进行积分，得到相应方程的解：

$$R_d = \exp(-k_1 t) \tag{3-29}$$

$$R_m = \frac{k_1}{k_2 - k_1} [\exp(-k_1 t) - \exp(-k_2 t)] \tag{3-30}$$

$$R_a = 1 - \frac{k_2}{k_2 - k_1}\exp(-k_1 t) + \frac{k_1}{k_2 - k_1}\exp(-k_2 t) \qquad (3\text{-}31)$$

图 3-3 描述了 N_{235} 作载体的二甲苯体系迁移 Cd(Ⅱ) 时，R_d、R_m、R_a 随时间变化的关系，其中的实线是依据式(3-31)、式(3-32)、式(3-33) 三式用最小二乘法和实验数据拟合得到的理论曲线，实线附近的点是实验数据[8]。在迁移实验的动力学模拟时，实际上要分别对 R_d、R_m、R_a 随时间变化的关系进行一组实验数据的拟合，以保证结论的可靠性。图 3-4、图 3-5、图 3-6 是一个在不同温度下（$T = 10℃$、$20℃$、$30℃$、$40℃$、$50℃$）用厚体液膜（0.08mol/L N_{235}-二甲苯）迁移镉（Ⅱ）的实例，其余相应实验条件见文献[8]。

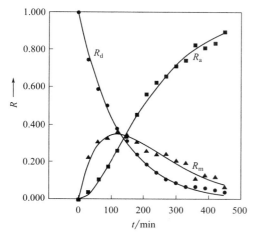

图 3-3　R_d、R_m、R_a 随时间变化关系

膜相：0.08mol/L N_{235}-二甲苯；反萃取相：0.5mol/L CH_3COONH_4；料液相：8.90×10^{-4} mol/L Cd(Ⅱ)，0.1mol/L HCl，0.4mol/L NaCl；（30±0.1）℃

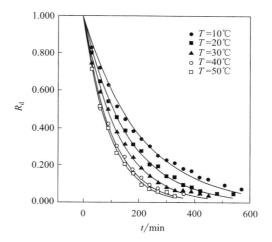

图 3-4　不同温度下 R_d 随时间的变化

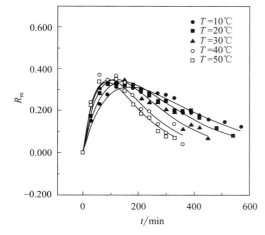

图 3-5　不同温度下 R_m 随时间的变化

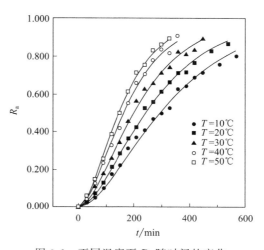

图 3-6　不同温度下 R_a 随时间的变化

根据式(3-30) 极值的条件，$dR_m/dt = 0$，可得到：

$$t_{max} = \frac{\ln \frac{k_2}{k_1}}{k_2 - k_1} \tag{3-32}$$

$$R_m^{max} = \left(\frac{k_1}{k_2}\right)^{k_2/(k_2 - k_1)} \tag{3-33}$$

在 $t = t_{max}$ 时，考虑式(3-28) 和式(3-29)，有：

$$\left(\frac{dR_d}{dt}\right)_{max} = -k_1 \left(\frac{k_1}{k_2}\right)^{k_1/(k_2 - k_1)} \tag{3-34}$$

$$\left(\frac{dR_m}{dt}\right)_{max} = 0 \tag{3-35}$$

$$\left(\frac{dR_a}{dt}\right)_{max} = k_2 \left(\frac{k_1}{k_2}\right)^{k_2/(k_2 - k_1)} = k_2 R_m^{max} \tag{3-36}$$

能够证明：

$$-\left(\frac{dR_d}{dt}\right)_{max} = +\left(\frac{dR_a}{dt}\right)_{max} \tag{3-37}$$

3.3.3 料液相、反萃取相、液膜相不同的体积对动力学模拟的影响

在动力学实验时，料液相、反萃取相、液膜相具有不同的体积，特别是液膜相，如果在实验中应用昂贵的萃取剂和有机溶剂，势必增加实验成本，一般考虑，液膜相的体积在实验时应较小。这样，引起思考的问题是，三相的体积不同，会对动力学模拟结果的可靠性产生影响吗？

设料液相、反萃取相、液膜相的体积分别是 V_d、V_m、V_a，并有 $V_d \neq V_m \neq V_a$，相应于反应方程式(2)，有：

$$-\frac{dc_d}{dt} = k_1 c_d \tag{3-38}$$

$$\frac{dc_m}{dt} = k_1 c_d - k_2 c_m = k_1 \frac{c_d V_d}{V_m} - k_2 c_m \tag{3-39}$$

$$\frac{dc_a}{dt} = k_2 c_m = k_2 \frac{c_m V_m}{V_a} \tag{3-40}$$

按照物质的量浓度的定义，有：

$$c = \frac{n}{V} \tag{3-41}$$

故式(3-38)～式(3-40) 三式可分别转换成[16-19]：

$$-\frac{dn_d}{V_d dt} = k_1 \frac{n_d}{V_d} \tag{3-42}$$

$$\frac{dn_m}{V_m dt} = k_1 \frac{n_d}{V_d} \times \frac{V_d}{V_m} - k_2 \frac{n_m}{V_m} \tag{3-43}$$

$$\frac{dn_a}{V_a dt} = k_2 \frac{n_m}{V_m} \times \frac{V_m}{V_a} \tag{3-44}$$

根据物料平衡，有：

$$n_d + n_m + n_a = n_{do} \tag{3-45}$$

式中，n_{do} 为 $t=0$ 时，料液中被迁移溶质的物质的量；n_d、n_m、n_a 分别为 $t=t$ 时，料液相、液膜相、反萃取相中被迁移溶质的物质的量，mol。用 n_{do} 去除式(3-42)～式(3-44)三式中各项，并考虑：

$$R_d = \frac{n_d}{n_{do}} \quad R_m = \frac{n_m}{n_{do}} \quad R_a = \frac{n_a}{n_{do}} \tag{3-46}$$

则式(3-42)～式(3-44)三式分别转换成式(3-26)～式(3-28)三式。这一证明过程表明，料液相、液膜相、反萃取相三相的体积不等，不影响单向连续一级反应的动力学模拟结论。

3.3.4　非稳态分析

式(3-29)～式(3-31)三式是依据非线性曲线拟合法在非稳态区拟合而实现数据分析的。下面讨论速率常数对反应速率的影响。将式(3-30)代入式(3-28)，有：

$$\frac{dR_a}{dt} = k_2 R_m = \frac{k_1 k_2}{k_2 - k_1}\left[\exp(-k_1 t) - \exp(-k_2 t)\right] \tag{3-47}$$

(1) 如果 $k_2 \gg k_1$，反应(2)持续足够长的时间，式(3-47)简化为：

$$\frac{dR_a}{dt} = k_1 \exp(-k_1 t) \tag{3-48}$$

上式指出，对反应(2)而言，总反应速率由 $A_d \xrightarrow{k_1} B_m$ 步骤决定。

(2) $k_1 \gg k_2$，式(3-47)简化为：

$$\frac{dR_a}{dt} = k_2 \exp(-k_2 t) \tag{3-49}$$

上式指出，由于 k_1 很大，反应开始后 A 瞬间全部转化成 B 物质，且 B 物质的浓度相当于 $c_A(0)$，这相当于反应(2)描述的连续反应如同一个以初始浓度与 $c_A(0)$ 相同的 B 物质以一级反应速率常数 k_2 生成产物 C 的反应，总反应速率由 $B_m \xrightarrow{k_2} C_a$ 步骤决定。

(3) 如果反应进行的时间很短，且 k_1 和 k_2 相差不大，将式(3-47)中的指数部分展开到 t 的一次项，则有：

$$e^{-k_1 t} = 1 - k_1 t \tag{3-50}$$

$$e^{-k_2 t} = 1 - k_2 t \tag{3-51}$$

以上两式代入式(3-47)，有：

$$\frac{dR_a}{dt} = k_1 k_2 t \tag{3-52}$$

上式表示，单向连续一级反应的生成速率同时受 k_1 和 k_2 的影响。

根据 Arrhenius 定理：

$$k_1 k_2 = (A_1 e^{-\frac{E_1}{RT}})(A_2 e^{-\frac{E_2}{RT}}) = A_1 A_2 e^{-\frac{E_1 + E_2}{RT}} \tag{3-53}$$

可见，$A_表 = A_1 A_2$，表观活化能 $E_表 = E_1 + E_2$。

由表 3-1 可见，t_{max} 和 R_m^{max} 随 k_2/k_1 比值增大而逐渐减小。

表 3-1　t_{max} 和 R_m^{max} 随 k_2/k_1 的变化

k_2/k_1	1/5	5	10	100	1000	10^8
$t_{max} \times k_1$	2.01	0.40	0.26	0.047	0.0069	10^{-7}
$R_m^{max} = (k_1/k_2)^{k_2/(k_2-k_1)}$	0.67	0.13	0.08	0.007	约 0.001	约 0, $\neq 0$

3.3.5　稳态近似

所谓稳态（steady state），是指反应体系中各组分浓度不随时间而改变的状态，但反应并未停止而仍在进行。要达到这种状态，反应体系必须是开放体系，而且要等速率地移走生成的产物，等速率地添加消耗的反应物，以保持各组分浓度不随时间而变。在关闭体系中进行的反应无法实现这种稳态。

对于单向连续一级反应 $A_d \xrightarrow{k_1} B_m \xrightarrow{k_2} C_a$，当生成的中间产物 B 在液膜相是不稳定的，且 $k_2 \gg k_1$ 时，B 组分的浓度相对于在料液相中的 A 和在反萃取相中的 C 而言，自单向连续一级反应开始后始终是微乎其微，而且随时间变化的幅度十分微小，在整个反应过程中可以认为：

$$\frac{dR_m}{dt} = k_1 R_d - k_2 R_m \approx 0 \tag{3-54}$$

这就是对组分 B 作的稳态近似（steady state approximation）。上式并不是说 R_m 是常数，因为 R_d 是降低的，上式说明，$k_1 R_d$ 和 $k_2 R_m$ 非常接近，二者的差值极小极小。R_m 的这种状态并不是真正的稳态，故称为拟稳态（quasi-steady state）。从以上分析可看出，拟稳态浓度法是对于不稳定中间产物的浓度的一种近似处理方法。

如果对 R_m 而言，稳态近似成立，解式(3-54)，有：

$$(R_m)_{ss} = \frac{k_1}{k_2} R_d \tag{3-55}$$

式中，$(R_m)_{ss}$ 为用稳态近似求出的 R_m 值。当 $k_2 > k_1$，并考虑式(3-29)时，式(3-30)可写成：

$$R_m = \frac{k_1}{k_2-k_1} \left[\exp(-k_1 t) - \exp(-k_2 t) \right]$$

$$= \frac{k_1}{k_2-k_1} \exp(-k_1 t)\{1 - \exp[-(k_2-k_1)t]\}$$

$$\approx \frac{k_1}{k_2} R_d [1 - \exp(-k_2 t)] \tag{3-56}$$

结合式(3-55)和式(3-56)两式，有如下关系存在：

$$\frac{(R_m)_{ss} - R_m}{(R_m)_{ss}} = \exp(-k_2 t) = e^{-k_2 t} \tag{3-57}$$

由上式可知，k_2 值愈大，$e^{-k_2 t}$ 愈趋近 0，这说明 $(R_m)_{ss} - R_m$ 的值很小，$(R_m)_{ss}$ 和 R_m 的值很接近，反映出 $(R_m)_{ss}$ 和 R_m 的值之间的差别消失越快，稳态近似越能在反应的早期建立。对于一个复杂的连串反应，稳态近似究竟能否应用，要看由稳态近似得出的速率方程与实验的结果是否吻合，对某些反应，稳态近似应用的效果不能正确反映实验的结论。

下面用本章的式(3-35) 和式(3-37) 两式定义在支撑液膜分离过程的动力学模拟中，稳态近似出现的条件：

$$\left(\frac{\mathrm{d}R_{\mathrm{m}}}{\mathrm{d}t}\right)_{\max} = 0 \tag{3-58}$$

$$-\left(\frac{\mathrm{d}R_{\mathrm{d}}}{\mathrm{d}t}\right)_{\max} = +\left(\frac{\mathrm{d}R_{\mathrm{a}}}{\mathrm{d}t}\right)_{\max} \tag{3-59}$$

因而，本章式(3-32) 式(3-33) 两式表示的就是在稳态近似中分别出现极大值时的极大时间（$t_{\max}$）和极大的浓度（$R_{\mathrm{m}}^{\max}$）。仅仅在 $t > t_{\max}$，稳态区才能出现。

运用高等数学中曲线拐点的定义，通过对本章式(3-47) 进行求二次导数的数学运算，在 $t = t_{\max}$ 并考虑本章式(3-32) 时，能证明 $\dfrac{\mathrm{d}^2 R_{\mathrm{a}}}{\mathrm{d}t^2} = 0$。这说明在 $t = t_{\max}$ 时，拐点确实存在于 R_{a}-t 的曲线上。当某物种在液膜相（有机相）的浓度在 $t = t_{\max}$ 达到极大值时，而接受相（反萃取相）中，同样在 $t = t_{\max}$，该物种的浓度（R_{a}）相应于达到 R_{a}-t 的曲线的拐点（inflection point）的对应浓度（$R_{\mathrm{a}}^{\mathrm{infl}}$），$t = t_{\mathrm{infl}} = t_{\max}$。因而可得到[11,12]：

$$R_{\mathrm{a}}^{\mathrm{infl}} = 1 - \left(\frac{k_1}{k_2}\right)^{-k_2/(k_1-k_2)} \left(1+\frac{k_2}{k_1}\right) = 1 - R_{\mathrm{m}}^{\max}\left(1+\frac{k_2}{k_1}\right) \tag{3-60}$$

$$t_{\mathrm{lag}} = \frac{\ln \dfrac{k_1}{k_2}}{k_1 - k_2} - \frac{1 - \left(\dfrac{k_1}{k_2}\right)^{-k_2/(k_1-k_2)} \left(1+\dfrac{k_2}{k_1}\right)}{k_2\left(\dfrac{k_1}{k_2}\right)^{-k_2/(k_1-k_2)}} \tag{3-61}$$

式中，t_{lag} 为滞后的时间。

根据上述分析，化学反应的动力学非稳态区分成三个部分：

（1）预稳态区（pre-steady state，$0 < t < t_{\max}$）　此区的动力学行为依次由本章的式(3-29)～式(3-31) 三式描述：

$$R_{\mathrm{d}} = \exp(-k_1 t)$$

$$R_{\mathrm{m}} = \frac{k_1}{k_2 - k_1}\left[\exp(-k_1 t) - \exp(-k_2 t)\right]$$

$$R_{\mathrm{a}} = 1 - \frac{k_2}{k_2 - k_1}\exp(-k_1 t) + \frac{k_1}{k_2 - k_1}\exp(-k_2 t)$$

（2）稳态区（steady state regime，$t = t_{\max}$）　此区的动力学行为依次由本章的式(3-34)～式(3-36) 三个零级动力学方程表征：

$$\left(\frac{\mathrm{d}R_{\mathrm{d}}}{\mathrm{d}t}\right)_{\max} = -k_1\left(\frac{k_1}{k_2}\right)^{k_1/(k_2-k_1)}$$

$$\left(\frac{\mathrm{d}R_{\mathrm{m}}}{\mathrm{d}t}\right)_{\max} = 0$$

$$\left(\frac{\mathrm{d}R_{\mathrm{a}}}{\mathrm{d}t}\right)_{\max} = k_2\left(\frac{k_1}{k_2}\right)^{k_2/(k_1-k_1)} = k_2 R_{\mathrm{m}}^{\max}$$

（3）后稳态区（post-steady state period，$t_{max} < t < t_\infty$） 此区的动力学行为依次由本章的式(3-29)～式(3-31) 三式描述。无疑，稳态区仅在 $t = t_{max}$ 或 t_{max} 附近一个极窄的时间区内出现，从不在 $t = t_{lag}$ 前面出现。

3.3.6　温度对膜迁移速率的影响

阿伦尼乌斯（Arrhenius）定理描述了反应速率常数和温度之间的关系。一般可用本章的式(3-5)～式(3-7) 描述这种关系，即：

积分式的指数式
$$k = A \mathrm{e}^{-E_a/(RT)}$$

积分的对数式
$$\ln k = \ln A - \frac{E_a}{RT}$$

微分式
$$\frac{\mathrm{d}\ln k}{\mathrm{d}T} = \frac{E_a}{RT^2}$$

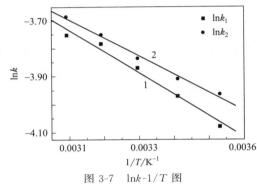

图 3-7　$\ln k$-$1/T$ 图

如果以 $\ln k$ 对 $1/T$ 作图，可得一条直线，从直线的斜率可求出活化能（E_a）。图 3-7 反映了 N_{235} 作载体的二甲苯体系迁移 Cd（Ⅱ）时，在液膜萃取侧和反萃取侧的速率常数（分别是 k_1 和 k_2）和温度的关系。分别求出萃取活化能是 14.7kJ/mol，反萃取活化能是 12.4kJ/mol[8]。

但在文献中，有的作者利用厚体液膜迁移实验获得的流量对数（$\ln J$）代替 $\ln k$ 对温度的倒数（$1/T$）作图，采用单向连续一级反应模拟迁移过程，分别获取液膜萃取和反萃取反应相应的活化能。此种数据处理方法是否合理、正确？考虑下面的证明：

液膜迁移达到稳态时，在接受相（反萃取相）中被迁移溶质的浓度随时间变化的曲线（R_a-t）是一 S 形曲线（sigmoid-type curve）（见图 3-3 和图 3-6），而此曲线中间部分可看作是直线。此直线的斜率 $\left(\dfrac{\mathrm{d}R_a}{\mathrm{d}t}\right)$ 可用来表示膜迁移实验中的液膜出口流量（J_a^{max}，membrane exit flux），证明如下：

$$J_a^{max} = \left(\frac{\mathrm{d}c_a}{\mathrm{d}t}\right)_{max} = \left[\frac{\mathrm{d}\left(\dfrac{c_a}{c_{do}}\right)}{\mathrm{d}t} \times c_{do}\right]_{max} = \left(\frac{\mathrm{d}R_a}{\mathrm{d}t}\right)_{max} \times c_{do} \quad [\mathrm{mol}/(\mathrm{dm}^3 \cdot \mathrm{s})] \quad (3\text{-}62)$$

在膜迁移达到稳态时有：

$$-J_d^{max} = J_a^{max} \tag{3-63}$$

式中，c_{do} 为料液中被迁移溶质的初始浓度（$t = 0$）。由于 J_a^{max} 具有零级反应速率常数 k_0 的量纲 $[\mathrm{mol}/(\mathrm{dm}^3 \cdot \mathrm{s})$，见表 3-2]，有：

$$J_a^{max} = \left(\frac{\mathrm{d}R_a}{\mathrm{d}t}\right)_{max} \times c_{do} = k_0 \tag{3-64}$$

将式(3-64)代入阿伦尼乌斯（Arrhenius）方程式(3-6)中，并以 $\ln J_a^{max}$ 对 $1/T$ 作图，可求出反萃取反应的活化能（E_a）。

表 3-2　反应速率常数 k 的单位

级数	速率方程	k 的单位
0	$r=k$	$mol/(dm^3 \cdot s)$
1	$r=kc$	s^{-1}
2	$r=kc^2$	$mol^{-1} \cdot dm^3 \cdot s^{-1}$

3.3.7　搅拌速率对膜迁移动力学的影响

就液膜迁移过程而言，在料液相和液膜相之间发生的是萃取反应。如果考虑萃取速率分类，萃取速率可分为扩散传质速率和化学反应速率[20]。在溶剂萃取中，为提高萃取效率，往往要施加搅拌。搅拌强度是搅拌的剧烈程度，其数学表达为 N^3D^2，其中 N 为搅拌器的转速，D 是搅拌器的直径[21]。当 D 不变时，改变转速即可改变搅拌强度。增大搅拌转速，可减小分散相液滴尺寸，增加两相接触面积。

对于扩散传质控制的萃取过程，其萃取速率随搅拌强度的增加而有规律地增加。而对于界面化学反应（非均相反应）控制的萃取过程，其萃取速率与搅拌强度无关。

两相界面面积影响扩散传质控制的萃取速率，界面化学反应控制的萃取反应，相应的萃取速率与两相界面面积成正比。如为相内化学反应（均相反应）控制，则萃取速率与两相界面面积无关。

如果萃取速率与搅拌强度和两相界面面积均无关，表明这一萃取过程属于相内化学反应控制。如果萃取速率与搅拌强度无关，但与两相界面面积成正比，此萃取过程属于界面化学反应控制，或是伴有快速化学反应的传质过程。如果萃取速率与搅拌强度和两相界面面积都有关，可能属于混合控制。总之，萃取过程动力学控制类型的判断需要多因素详尽的综合分析。

液膜迁移过程中搅拌转速的选择用实验确定。通常测定不同转速时相应的渗透系数 P，以 $\ln P$ 对转速作图，得一条曲线。当迁移过程为扩散传质控制时，转速增加，$\ln P$ 增大，这是由于水扩散层厚度（δ）减小的缘故[22]。若转速继续增加，$\ln P$ 不继续增大而进入平台区，最后当 $\delta=0$ 时，迁移过程进入化学反应为控速步骤的区域，$\ln P$ 与转速无关。转速的选择就在此曲线平台区挑选。图 3-8 分别描述料液相转速和液膜相转速与 $\ln P$ 的关系[23]。图 3-8 中，选择的料液相转速是 900r/min，液膜相是 400r/min。

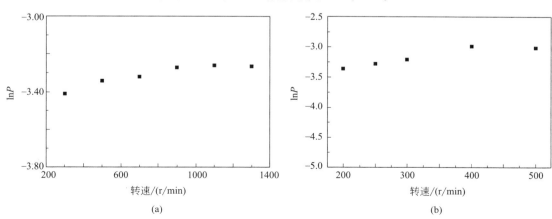

图 3-8　料液相转速对 $\ln P$ 的影响（a）和液膜相转速对 $\ln P$ 的影响（b）

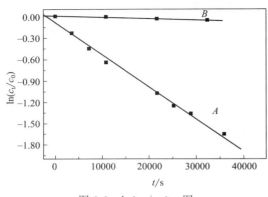

图 3-9　$\ln(c_t/c_0)$-t 图

线 A：料液相　8.90×10^{-2} mol/L Cd^{2+}，0.1mol/L HCl，0.4mol/L NaCl；反萃取相　0.5mol/L CH_3COONH_4；液膜相　0.1mol/L TNOA+10%（φ）ROH+煤油

线 B：膜相　纯煤油（使用前用浓硫酸洗涤，并蒸馏，收集185℃馏分），其余实验条件同线 A

图 3-9 是对迁移实验结果进行动力学分析前必须要完成的"空白"对比实验[23]，确保迁移实验装置可靠无误和判断液膜体系迁移溶质是否有效（看线 B 是否接近于零，以证明煤油不迁移 Cd^{2+}，Cd^{2+} 的迁移是载体 TNOA 的萃取，仲辛醇 ROH 已经证明是改善萃合物的溶解度、避免出现第三相），并确定取样时间间隔，判断该迁移体系的动力学行为是否符合单向一级连续反应（作 R_d、R_m、R_a 对时间关系的图，确定其相应的特征）。

3.3.8　质量迁移阻力

支撑液膜迁移过程中各种质量迁移阻力（mass transfer resistance）的分析对于支撑液膜的工业扩大实验是重要且必需的，相应的参数和动力学数据结合起来分析，对于深入认识和提高支撑液膜的分离效率有极大的意义。跨越平板型支撑液膜迁移的总质量迁移阻力是如下各个迁移阻力之和：①料液侧的阻力；②在料液和膜界面由于萃取配位反应产生的界面阻力；③被萃取配合物在液膜相扩散的膜相阻力；④在液膜相和反萃取相界面发生的反萃取反应的阻力；⑤被反萃取的物质从界面扩散到反萃取液本体的阻力。相应表达式为[24,25]：

$$\frac{1}{k}=\frac{1}{k_{fb}}+\frac{1}{K_f k_e}+\frac{1}{K_f k_m}+\frac{1}{K_f k_s}+\frac{1}{(K_f/K_s)k_{as}} \qquad (3\text{-}65)$$

$$k_{fb}=\frac{D_a}{\delta_{fb}} \qquad (3\text{-}66)$$

$$k_m=\frac{D_m}{\delta_m}\times\frac{\varepsilon}{\tau} \qquad (3\text{-}67)$$

$$k_e=\frac{D_a K_f}{\delta_{fb}} \qquad (3\text{-}68)$$

式中，k 为总质量迁移系数；k_{fb} 为在料液和液膜相之间水边界层（boundary layer）的传质系数；k_e 为与萃取配位反应有关的传质系数；k_m 为液膜相的传质系数；k_s 为与反萃取反应关联的传质系数；k_{as} 为在液膜相和反萃取相界面的水边界层（boundary layer）的传质系数；D_a 为被萃取物质在料液相的扩散系数；δ_{fb} 为在料液相和液膜相之间水边界层的厚度；D_m 为被萃取物质在液膜相的扩散系数；δ_m 为液膜相厚度；ε 为固体支撑体孔隙率；τ 为膜弯曲因子；K_f 为萃取反应在萃取界面达到平衡时，被萃取物质在液膜相和料液相之间的分配系数；K_s 为反萃取反应在反萃界面达到平衡时，被萃取物质在液膜相和反萃取相两相间的分配系数。

现根据文献［24-26］讨论镉（Ⅱ）迁移的实验中，如何估算上述各式中的参数。k 是总传质系数，根据文献［24，25］，$k = P_c$，P_c 为支撑液膜渗透系数，可由迁移实验测出，在第 2 章中已有介绍。k_e 和 k_s 分别与萃取反应速率和反萃取反应速率有关。基于文献［25］，K_f 比 K_s 更大，因而式(3-65) 中 $1/[(K_f/K_s)k_{as}]$ 可以忽略。由于平板膜在研究中用得较多，根据平板膜支撑材料的种类，δ_m、ε、τ 可以从有关膜手册和购买的膜产品说明书中查找。D_a 和 δ_{fb} 可参考文献［26］，这样 k_{fb} 可用式(3-66) 计算求出，$k_{fb} = 3.96 \times 10^{-3}\,\mathrm{cm/s}$。$k = 1.825 \times 10^{-4}\,\mathrm{cm/s}$，这是在文献［26］中实验测出的总传质阻力，将 k 和 k_{fb} 比较，则 $1/k_{fb}$ 可以忽略。这说明在料液相和液膜相间的边界层的传质阻力和总传质阻力（k）比较是可忽略的。D_m 可用 Wilke-change 方程计算[27]，这样 k_m 可计算求出，$k_m = 3.48 \times 10^{-4}\,\mathrm{cm/s}$。在最佳萃取条件下，$K_f \gg 1$，比较式(3-66) 和式(3-68)，有 $k_e > k_{fb}$，同时和式(3-65) 中的总传质阻力（k）比较，$1/(K_f k_e)$ 可以忽略，即界面萃取配位反应产生的传质阻力和总传质阻力（k）比较，是可以忽略的。如果 $k_s < k_e$，则镉（Ⅱ）在液膜相有积累，但实验结果显示，液膜相几乎无镉（Ⅱ）的积累，这说明 $k_e \approx k_s$。计算的 k_m 和实验测出的 k 具有相同的数量级，因而可比较出：

$$k_e \approx k_s > k_{fb} > k_m \approx k \tag{3-69}$$

这样，式(3-65) 中的 $1/(K_f k_s)$ 可以忽略，这说明由反萃取反应产生的传质阻力和总传质阻力（k）比较是可忽略的。故式(3-65) 转变成下式：

$$\frac{1}{k} \approx \frac{1}{K_f k_m} \tag{3-70}$$

此式说明，在所研究的体系中支撑液膜的传质过程由液膜有机相中的扩散决定。实验操作中，应尽可能使用薄的支撑体。

3.3.9　液膜萃取和反萃取双界面反应动力学的深入认识

（1）液膜相稳定性与液膜萃取和反萃取双界面反应速率常数的关系研究　在液膜传输和分离实验中，为了提高支撑液膜的稳定性，防止膜液从支撑体微孔流出至水相，通常在有机相中添加石蜡，增加液膜相的黏度，从而达到稳定液膜相的目的。而在乳状液膜分离中，通常通过增加液膜相表面活性剂的浓度使液膜相黏度增加，提高液膜的稳定性。一般液膜相黏度增加后，液膜传输效率下降，文献认为这是由于液膜相黏度增加，导致被传输物质或被传输物质和液膜相萃取剂形成的配合物在膜相的扩散速率减小。而我们对液膜传输动力学的研究显示，液膜相黏度增加对液膜萃取和反萃取双界面反应速率常数的影响是不同的。文献证明[8]，在三正辛胺（TOA）作载体的液膜迁移镉（Ⅱ）的实验中，采用液膜相添加石蜡可使液膜相黏度增加，但料液相和液膜相间的界面萃取反应速率常数（k_{1d}）不减反增，而液膜相和反萃取相间的界面反萃取反应的速率常数（k_{2a}）则明显减小（表 3-3）。表 3-4 证明，在同样的液膜体系中，增加液膜相表面活性剂 Span-80 的浓度，液膜相黏度也相应增加，但液膜相和料液相间的界面萃取反应速率常数却几乎不受影响，而液膜相和反萃取相间的界面反萃取反应的速率常数（k_{2a}）则明显减小。可见液膜相黏度增加既影响传输物质在液膜相的扩散速率又影响液膜两个界面发生的化学反应的反应速率常数。这种影响的程度有多大，文献［8］提供的动力学模型对实验数据进行最小二乘法拟合，可以对各种实验条件的影响进行综合评价，这一结论为改善液膜稳定性和分离效率提供了一个新思路。

表 3-3 液膜相石蜡含量对厚体液膜迁移镉(Ⅱ)的动力学参数的影响[①]

石蜡含量 /φ	k_{1d} /$10^3 min^{-1}$	k_{2a} /$10^3 min^{-1}$	k_{2m} /$10^3 min^{-1}$	t_{max} /min	R_m^{max}	J_a^{max} /$10^3 min^{-1}$	J_d^{max} /$10^3 min^{-1}$
0	11.71±0.12	4.70±0.03	4.88±0.03	130.2	0.54	2.55	−2.55
10%	13.79±0.20	4.07±0.05	4.40±0.05	125.5	0.60	2.44	−2.44
20%	15.98±0.40	3.03±0.04	3.40±0.04	128.4	0.68	2.05	−2.05
40%	17.02±0.46	1.99±0.02	2.24±0.02	142.8	0.75	1.50	−1.50
60%	19.66±0.44	1.50±0.01	1.65±0.01	141.7	0.81	1.21	−1.21
100%	19.95±0.35	0.43±0.02	0.40±0.01	196.6	0.92	0.40	−0.40

① 膜相（30mL）：0.08mol/L TOA 二甲苯；料液相（40mL）：8.90×10^{-4} mol/L Cd(Ⅱ)，0.1mol/L HCl，0.4mol/L NaCl；反萃取相（40mL）：0.5mol/L CH$_3$COONH$_4$；30±0.1℃；三相搅拌速率：550r/min。

表 3-4 液膜相表面活性剂 Span-80 含量对厚体液膜迁移镉(Ⅱ)的动力学参数的影响[①]

Span-80 含量 （质量分数）	k_{1d} /$10^3 min^{-1}$	k_{2a} /$10^3 min^{-1}$	k_{2m} /$10^3 min^{-1}$	t_{max} /min	R_m^{max}	J_a^{max} /$10^3 min^{-1}$	J_d^{max} /$10^3 min^{-1}$
0	12.76±0.26	9.04±0.14	9.61±0.13	92.65	0.43	3.91	−3.91
1.0%	11.38±0.18	7.64±0.11	8.10±0.12	106.5	0.44	3.39	−3.39
2.0%	11.86±0.23	5.50±0.06	5.93±0.11	120.8	0.51	2.83	−2.83
4.0%	12.71±0.34	2.20±0.04	2.44±0.05	166.9	0.69	1.52	−1.52
8.0%	11.77±0.40	0.19±0.01	0.41±0.01	356.3	0.94	0.18	−0.18

① 实验条件同表 3-3。

（2）对文献报道的厚体液膜传输动力学方程推导过程不严谨性的改进 在厚体液膜传输动力学方程的推导过程中，由于文献没有考虑反应和迁移是发生在体积不同的异相基质中，因而这种动力学方程的建立存在不严谨性。本课题研究中，在考虑料液相、液膜相和反萃取相三相体积不相同的条件下，推导出单向一级连续反应的动力学方程。结果说明[15,16]，考虑体积因素推导出的动力学方程与不考虑体积因素推导出的动力学方程的最终表达式相同，这一证明过程消除了对单向一级连续反应的动力学方程是否能用于三相体积不同的厚体液膜迁移实验的动力学数据分析的担忧和疑惑。详见本章 3.3.3 节的分析。

（3）通过支撑液膜迁移溶质的迁移动力学的模拟，加深了对液膜有机相流体性质的认识。这种流体性质的变化影响被传输物质在液膜相的积累，也影响液膜分离效率和液膜相的重复使用。

参 考 文 献

[1] 戴猷元，王运东，王玉军，张瑾. 膜萃取技术基础 [M]. 2 版. 北京：化学工业出版社，2015.

[2] 韩德刚，高盘良. 化学动力学基础 [M]. 北京：北京大学出版社，1987.

[3] 许越. 化学反应动力学 [M]. 北京：化学工业出版社，2005.

[4] 伊列敏 E N. 化学动力学基础 [M]. 陈天明，韩强，译. 福州：福建科学技术出版社，1985.

[5] 王琪. 化学动力学导论 [M]. 吉林：吉林人民出版社，1982.

[6] 张常春，鄢红，郭广生，等. 计算化学 [M]. 北京：高等教育出版社，2006.

[7] He Dingsheng, Ma Ming, Zhao Zhenghu. Transport of cadmium ions through a liquid membrane containing amine extractants as carriers [J]. Journal of Membrane Science，2000，169（1）：53-59.

［8］　He Dingsheng，Ma Ming. Kinetics of cadmium（Ⅱ）transport through a liquid membrane containing tricapryl amine in xylene［J］. Sep Sci Technol，2000，35（10）：1573-1585.

［9］　He Dingsheng，Ma Ming. Effect of paraffin and surfactant on coupled transport of cadmium（Ⅱ）ions through liquid membranes［J］. Hydrometallurgy，2000，56（2）：157-170.

［10］　He Dingsheng，Ma Ming，Wang Hui，et al. Effect of kinetic synergist on transport of copper（Ⅱ）through a liquid membrane containing P-507 in kerosene［J］. Canadian Journal of Chemistry，2001，79（8）：1213-1219.

［11］　Szpakowska M，Nagy O B. Non-steady state vs. steady state kinetic analysis of coupled ion transport through binary liquid membranes［J］. Journal of Membrane Science，1993（76）：27-38.

［12］　Szpakowska M，Nagy O B. Chemical Kinetic Approach To The Mechanism Of Coupled Transport Of Cu（Ⅱ）Ions Through Bulk Liquid Membranes［J］. J Phys Chem A，1999（103）：1553-1559.

［13］　何鼎胜，马铭，王艳 . 三正辛胺-二甲苯液膜迁移 Cd（Ⅱ）的研究［J］. 高等学校化学学报，2000，21（4）：605-608.

［14］　何鼎胜，马铭，王艳，等 . N$_{235}$二甲苯-醋酸铵-液膜体系萃取 Cd（Ⅱ）的研究［J］. 无机化学学报，2000，16（6）：893-898.

［15］　何鼎胜，马铭，曾鑫华，等 . 二-（2-乙基己基）磷酸-煤油液膜萃取锌（Ⅱ）的动力学分析［J］. 应用化学，2000，17（1）：47-50.

［16］　Ma Ming，He Dingsheng，Wang Quanyong，et al. Kinetics of europium（Ⅲ）transport through a liquid membrane containing HEH（EHP）in kerosene［J］. Talanta，2001，55：1109-1117.

［17］　马铭，朱小兰，何鼎胜，等 . 以 HDEHP 为载体的大块液膜迁移铕离子动力学研究［J］. 膜科学与技术，2002，22（6）：28-33 .

［18］　Ma Ming，He Dingsheng，Liao Shenghua，et al. Kinetic study of L-isoleucine transport through a liquid membrane containing di（2-ethylhexyl）phosphoric acid in kerosene［J］. Analytica Chimica Acta，2002（456）：157-165.

［19］　Ma Ming，Chen Bo，Luo Xubiao，et al. Study on the transport selectivity and kinetics of amino acids through di（2-ethylhexyl）phosphoric acid-kerosene bulk liquid membrane［J］. Journal of Membrane Science，2004（234）：101-109.

［20］　毛建新，王琦，陈庚华，等 . 金属离子通过大块液膜迁移动力学的研究［J］. 化学学报，1997（55）：1056-1060.

［21］　朱屯，李洲，等 . 溶剂萃取［M］. 北京：化学工业出版社，2008.

［22］　何鼎胜 . 钴离子在 P$_{507}$为载体的支撑液膜中的传输［J］. 无机化学学报，1991，7（3）：354-356.

［23］　He Dingsheng，Liu Xinfang，Ma Ming. Transfer of Cd（Ⅱ）Chloride Species by a Tri-n-octylamine-Secondary Octyl Alcohol-Kerosene Multimembrane Hybrid System［J］. Solvent extraction and ion exchange，2004，22（3）：491-510.

［24］　Yang X J，Fane A G，Soldenhoff K. Comparison of liquid membrane processes for metal Separations：permeability，stability，and selectivity［J］. Ind Eng Chem Res，2003，42（2）：392-403.

［25］　Winston Ho W S，Wang Bing. Strontium removal by new alkyl phenylphosphonic acids in supported liquid membranes with strip dispersion［J］. Ind Eng Chem Res，2002（41）：381-388.

［26］　He Dingsheng，Gu Shuxiang，Ma Ming. Simultaneous removal and recovery of cadmium（Ⅱ）and CN$^-$ from simula-ted electroplating rinse wastewater by a strip dispersion hybrid liquid membrane（SDHLM）containing double carrier［J］. Journal of Membrane Science，2007（305）：36-47.

［27］　Wilke C R，Change P. Correlation of diffusion coefficients in dilute solution［J］. AICHE J，1955（1）：264-270.

第4章 支撑液膜的稳定性

高渗透性、高选择性与高稳定性是膜分离过程所应具备的基本特征。但是，现今所开发的不同种类的液膜，难以同时具备这三种性能，这就限制了所开发的液膜过程在工业上的应用。

支撑液膜的不稳定性影响支撑液膜的高渗透性、高选择性和运行成本。一般说来，支撑液膜的不稳定性表现如下：①膜的传质速率随着支撑液膜分离过程运行的时间增加而减小；②膜渗漏出现。膜渗漏具体体现在膜液在料液相和反萃取相中的溶解损失，致使由液膜相隔开的料液相和反萃取相直接接触，失去支撑液膜的选择性分离作用。目前普遍认为液膜相从支撑体微孔中流失是产生支撑液膜不稳定性主要的原因。而现有的支撑液膜的稳定性均不能满足支撑液膜工业化应用的要求，其使用寿命有的仅数小时，长的也是几个月。因此，支撑液膜不稳定原因、机理的分析和改善方法是主要的研究热点。现有的关于支撑液膜稳定性的研究文献表明[1-11]，影响支撑液膜稳定性的原因是多方面的，其影响机理很复杂，归纳起来，文献上对支撑液膜不稳定的原因从以下几个方面进行过研究。

4.1 支撑液膜不稳定性的分析

4.1.1 溶解度效应

液膜相（有机相）与液膜两侧的水相不是完全不互溶的。由于液膜相和水相中各物质的化学势不同，形成驱动力，促使液膜相中的载体、膜溶剂、其他组分溶于相邻料液相和反萃取相中。当液膜相在邻接水相中的溶解量达到一定程度时，引起支撑液膜传质功能下降，并缩短膜体系的使用寿命。这种情况在支撑液膜连续操作的条件下比较常见。如果支撑液膜的载体和溶剂在水相（料液相和反萃取相）中的溶解度较大，膜的稳定性就差，使用寿命就短[12]。表4-1中的数据是文献［12］依据多个膜溶剂实验的总结。从表4-1中可得出水在膜溶剂中的溶解度低于$12g/L$，同时支撑液膜滴点（drop point）高于$1.1bar$（$1bar=10^5Pa$），则支撑液膜寿命有超过$200h$的结论，而异十三醇是这种研究中最好的膜改性剂。P. R. Danesi等证明[13]，使用具有较高油水界面张力并在水中有低溶解度的有机溶剂作支撑液膜溶剂有利于延长支撑液膜寿命，同时指出液膜相成分在水相中的分配系数越大，膜寿命越短。膜溶剂的挥发性对膜寿命也有影响[14]。高沸点的溶剂，溶剂挥发性小，因而，高沸点的溶剂形成的支撑液膜相对稳定。液膜相用水预饱和和水相用液膜相有机溶液预饱和的方法对解决载体和溶剂的损失，文献上有相反的结论。这可能是因为不同的实验体系有不同的机理。A. M. Neplenbroek 等[15]的实验证明，液膜溶剂和载体从支撑体微孔流出是造成支撑液膜传质效率下降和膜泄漏的主要原因之一。不同的膜溶剂影响溶剂从支撑体微孔的流出效率，而液膜载体从支撑体微孔的流出与载体的结构特性有关。

表 4-1　膜溶剂的溶解度对支撑液膜寿命的影响

膜溶剂	水在膜溶剂中的溶解度/(mg/L)		滴点(25℃)/bar		膜寿命/h
	料液相	反萃取相	料液相	反萃取相	
对二异丙基苯(0.6mol/L 4-壬基酚)	1235	1600	1.7	1.9	>200
对二异丙基苯(0.9mol/L 异十三醇)	1640	1710	1.4	1.0	>200
正丁基苯(0.4mol/L 4-壬基酚)	870	1090	0.4	0.4	70~140
正己基苯(0.5mol/L 4-壬基酚)	1270	1250		3.8	>200
正己基苯(0.7mol/L 1-癸醇)	1200	1410	0.8	1.0	>200
正己基苯(0.7mol/L 异十三醇)	1050	1240	1.7	1.2	>200
正辛基苯(0.9mol/L 异十三醇)	1340	1610	1.8	1.9	>200
正癸基苯(1.0mol/L 异十三醇)	1510	1790	1.5	1.7	>200
2-乙基-1-己醇	17300	22100	1.0	0.7	30~90
苯乙醇	67760	88580	0.9	0.6	6
1-癸醇	25750	31100	3.4	3.7	48~72
2-硝基丙烷	5020	5351	<0.3	<0.3	1
1-硝基己烷	2175	2210	0.8	1.0	7~24
硝基环己烷	2230	2480	0.6	0.8	5~6
4-硝基-间二甲苯	1510	1890	1.0	1.2	53~70
1,6-二溴己烷	606	555	1.0	1.0	130
1,2,4-三氯苯	229	185	0.7	0.7	40

注：1. 萃取剂：0.5mol/L 二环己基-18C6 用于萃取废水中的 Sr^{2+}。
2. 反萃取相：蒸馏水。
3. 料液相：人工模拟核燃料加工排放废水的组成（见表 4-2）。
4. 料液相和反萃取相搅拌速率：500r/min。
5. 4-壬基酚、异十三醇、1-癸醇是液膜相改性剂。

表 4-2　人工模拟核燃料加工排放废水的组成

成分	浓度/(g/L)	成分	浓度/(g/L)
HNO_3	63	$Na_2O \cdot SiO_2 \cdot 5H_2O$	0.2
$NaNO_3$	290	$Na_3PO_4 \cdot 12H_2O$	3.4
$Mg(NO_3)_2 \cdot 6H_2O$	158	$Na_2SO_4 \cdot 10H_2O$	3.0
$Ca(NO_3)_2 \cdot 4H_2O$	3.5	NH_4NO_3	8.0
$Fe(NO_3)_2 \cdot 9H_2O$	1.1	磷酸三丁酯	0.15
NaCl	0.7	$UO_2(NO_3)_2 \cdot 6H_2O$	4.7
NaF	0.07		

注：萃取剂、反萃取相、料液相、料液相和反萃取相搅拌速率、液膜相改性剂、滴点测定和表 4-1 相同。

4.1.2 渗透压的影响

由于支撑液膜两侧的料液相和反萃取相中盐的浓度不一样，因而这两相中离子强度的差异导致渗透压的产生。当水分子从离子强度较低的水相向离子强度较高的水相迁移时，支撑体微孔中的部分液膜相也会随水分子向水相中迁移，原料液和反萃取液的渗透压差越大，液膜相流失速率越快，支撑液膜越不稳定，液膜传质能力也相应下降，这是较传统的看法。按照无机化学，稀溶液的渗透压定律可表述为：

$$\pi = \frac{n}{V}RT \qquad (4-1)$$

式中，π 为稀溶液的渗透压，kPa；T 为热力学温度，K；$R = 8.31 kPa \cdot L/(mol \cdot K)$；$n$ 为稀溶液中溶质的物质的量，mol；V 为稀溶液的体积，L；n/V 为物质的量浓度，mol/L。渗透压是溶液的依数性，式(4-1)与非电解质的稀溶液符合较好，而用于计算电解质溶液的渗透压时有偏差。由式(4-1)可见，渗透压与溶质质点数目有关，与溶质种类无关。若要使用式(4-1)计算电解质溶液的渗透压，可参考有关专著，用活度代替浓度。文献[15]在相同的料液相（0.004mol/L NaNO$_3$）和相同的膜组成[0.2mol/L 四辛基溴化铵和三辛基甲基氯化铵（又名 N$_{263}$）]、相同的膜分离操作条件下，反萃取相分别采用 0.5mol/L、4.0mol/L NaCl 溶液，对 6 种膜溶剂共进行了 12 次迁移料液中 NO$_3^-$ 阴离子实验，每次迁移实验144h，同时分别测定了载体、溶剂在水相中的损失。尽管反萃取相中 4.0mol/L NaCl 溶液有较大的离子强度，产生较高的渗透压，实验结束时，水相残留的载体和溶剂的浓度可证明，4.0mol/L NaCl 溶液作反萃取相的支撑液膜比 0.5mol/L NaCl 溶液作反萃取相的支撑液膜更稳定。这说明较大的渗透压差对支撑液膜稳定性的影响会随着具体的支撑液膜体系的变化而呈现不一致的变化规律。

渗透压和膜孔对支撑液膜寿命的影响，文献[16]也做过系统研究，表 4-3、表 4-4 是他们的研究结果。表 4-3 证明，膜两侧较小的渗透压差导致支撑液膜体系较长的膜寿命，而渗透压力差愈大，膜寿命相应愈短。他们的实验表明，H$^+$ 和 SO$_4^{2-}$ 从料液相迁移至反萃取相，膜破裂前，两相之间无水的迁移。从膜破裂开始，料液相和反萃取相间通过支撑体微孔贯通，整个支撑液膜体系失去选择性迁移的功能。表 4-3 中序号为 1、2、3、4 四次迁移实验的膜寿命的数据就是相应支撑液膜料液相和反萃取相间通过支撑体微孔开始贯通瞬间前的时间。表 4-4 显示了聚丙烯支撑体在迁移使用 650h 后，椭圆形微孔的宽度从使用前的 0.15μm 扩大至 0.29μm，增幅几乎达 100%，而微孔的长度有减小。这证明，支撑体长时间使用后，支撑体微孔孔宽增加，微孔孔长减小，反映出膜形态（membrane morphology）发生了变化。他们的实验得出如下结论：支撑液膜体系长时间操作，膜形态的变化对支撑液膜寿命和支撑液膜稳定性也施加重要影响。

表 4-3 渗透压对支撑液膜体系寿命的影响 （膜支撑体 Celgard 2500）

体系	料液相	有机相	反萃取相	渗透压差/kPa	膜寿命/h
1	2mol/L H$_2$SO$_4$	纯煤油	1.8mol/L NaCl	0	298
2	2mol/L H$_2$SO$_4$	纯煤油	H$_2$O	8400	230
3	2mol/L H$_2$SO$_4$	纯煤油	5mol/L NaCl	14900	220
4	2mol/L H$_2$SO$_4$ + 2.5mol/L Na$_2$SO$_4$	纯煤油	H$_2$O	16600	112

注：渗透压计算见文献[17]。

表 4-4　膜支撑体 Celgard 2500 的膜孔隙率和孔径在使用前后的比较

项目	膜孔隙率/%	孔宽/μm			孔长/μm		
		最小值	最大值	平均值	最小值	最大值	平均值
膜标准值				0.05			0.19
使用前	11.5	0.012	0.15	0.051	0.024	0.53	0.19
使用后	10.8	0.009	0.29	0.051	0.015	0.49	0.13

注：支撑体使用 650h。

文献 [17] 指出，为了谋求支撑液膜体系寿命最大化，应尽可能选用高疏水性、微孔小的固体支撑体，而液膜相应挑选具有有机相/水相高界面张力、对水有极低增溶能力的有机溶液，料液相和反萃取相中，主体溶质的浓度差应尽可能小。

4.1.3　跨膜压差的影响

料液相和反萃取相在支撑液膜两侧流动时，其流速的差异引起膜两侧产生压力差。当跨膜压差超过某一临界值时，即液膜相在膜孔中所受的毛细力小于跨膜压差所产生的压力时，液膜相将从膜孔中被挤压出来，从而导致液膜相的流失，造成膜泄漏，使支撑液膜传质功能下降甚至完全丧失。如果膜溶液能浸润支撑体材料，借助毛细管的吸附作用，支撑液膜能抵抗一定的跨膜压差。文献 [18] 指出，跨膜压差大于 0.20kPa 时，对膜的稳定性产生不利影响。对于组成不同的支撑液膜体系，其跨膜压差的临界值是不同的。有学者证实，当没有跨膜压差时，支撑液膜仍然不稳定[15]。因此，跨膜压差并非是造成其不稳定的主要因素。

4.1.4　诱导乳化现象

在支撑液膜的运转过程中，由于料液相和反萃取相流过膜表面的速率不同以及它们对膜的脉冲效应，产生一个侧向剪切力，导致在支撑体的微孔中的有机膜液形成凹凸不平的弯月面膜，这是微孔中膜相局部变形。由于膜相中的萃取剂（载体）具有弱表面活性，在侧向剪切力作用和支撑体微孔内凹凸不平的弯月面膜的振动下，最终形成油包水的乳化液滴或相应的胶束。这种诱导乳化作用形成的乳化液滴或胶束越稳定，液膜相（LM-phase）的流失越严重。图 4-1 显示了这种弯月面。

A. M. Neplenbroek 等[19]将支撑体微孔中膜相局部变形归因于膜的振动，并指出这种微孔中弯月

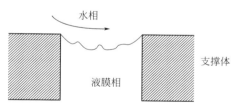

图 4-1　支撑体微孔中弯月面的变形

面膜的振动在液膜相表面形成波纹（涟漪），而膜-水界面的干扰、阻碍引起这种波纹（涟漪）持续扩展传播，这整个的振动过程有利于形成乳化液滴或胶束（水包油或油包水型乳化液滴）。如果支撑体微孔中膜相局部变形愈严重，愈有利于液膜相的流失，支撑液膜稳定性愈差。最后，A. M. Neplenbroek 指出，因剪切力形成的乳化液滴从料液-支撑液膜界面脱离、进入料液相是支撑液膜退化的关键原因。为了提高支撑膜的稳定性，必须挑选极小可能形成乳化液滴或相应胶束的液膜相组成（载体、膜溶剂、膜改性剂），而改变水相组成［水相盐浓度、反荷离子（counter-ions）、调整水相在平行膜界面的流动速率等］可以削弱支撑液膜的不稳定性，降低乳化液滴形成的可能。

4.1.5 浸润效应

文献［13］指出，由于液膜载体具有不同强度的表面活性，当支撑液膜运行时，由于金属配合物或缔合物在油-水界面的聚集及载体和膜溶剂的溶解，特别是起源于载体活性的液膜有机相-水相界面张力的降低，这些因素的综合作用将导致支撑体微孔逐渐被水润湿，尤其使用表面活性极强的烷基芳基磺酸和长链季铵盐时，支撑体微孔润湿严重，在支撑液膜开始运行的几小时内，水就替代了支撑体微孔中的有机相进入液膜相，而使用表面活性极弱的三辛基氧化膦（TOPO）和三月桂胺（TLA）时，实验中未观察到水进入支撑体微孔中的液膜相。在支撑液膜中，膜溶液是依靠毛细管力吸附在支撑体微孔中，微孔的结构和聚合物-膜溶剂的相互作用也影响支撑液膜的寿命。Young-Dupre 方程描述了这种相互作用[18]：

$$p_c = (2\gamma/a)\cos\theta \tag{4-2}$$

式中，p_c 为毛细管内的压力；γ 为膜溶液-水界面张力；a 为毛细管的半径；θ 为三相体系的接触角。由式(4-2)可见，支撑体微孔愈小，p_c 愈大，吸附在微孔内的膜溶液愈不易渗出进入水相。文献［18］对不同孔径的支撑体和相应支撑液膜的寿命进行比较，得出"支撑液膜的孔径愈小，相应支撑液膜的工作寿命愈长"的结论。

文献［17］用图 4-2 总结了渗透压差、水在膜相的溶解度、膜相和水相之间的界面张力

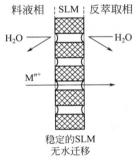
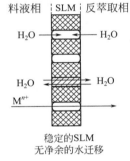

(a) 渗透压差等于零，水在膜相的溶解度　　　(b) 渗透压差等于零，水在膜相的溶解度
很小，界面张力(膜相/水相)很高　　　　　　很高，界面张力(膜相/水相)很低

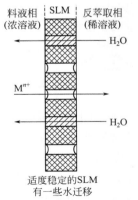
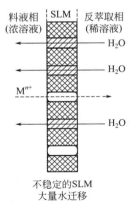

(c) 渗透压差很大，水在膜相的溶解度　　　(d) 渗透压差很大，水在膜相的溶解度
很小，界面张力(膜相/水相)很高　　　　　　很大，界面张力(膜相/水相)很低

图 4-2　渗透压差、水在膜相的溶解度、膜相和水相之间的界面张力对支撑液膜稳定性的影响

注：在支撑体微孔中的弯月面粗略显示了膜液的润湿性

对支撑液膜稳定性的影响。

4.1.6　发生化学反应

支撑液膜表面吸附的载体与料液相的杂质发生副反应，或载体-溶质配合物在膜-反萃取相界面解络不完全，从而使载体的量随着膜运行时间的延长而急剧减少，从而影响液膜相的性质，对支撑液膜的稳定性产生影响。因此，对料液相进行预处理，降低其中的杂质含量和选择化学性质稳定的载体来分离待分离组分，对于提高支撑液膜的稳定性十分重要。这说明在设计液膜体系时，载体的挑选是一个很重要的因素。

4.1.7　孔阻塞机理

膜孔被沉淀的载体阻塞。例如，溶解在煤油中的高浓度三正辛胺被盐酸酸化，生成三正辛胺盐酸盐，此种盐再和料液中的酸根阴离子（例如，$[CdCl_4]^{2-}$）发生交换反应。由于膜相溶剂（煤油）介电常数和低气温的影响，三正辛胺盐酸盐在煤油中的溶解有限，故未能溶解的三正辛胺盐酸盐以固相存于膜相，因而阻塞支撑体微孔。

一般认为，上述 7 种原因中对支撑液膜稳定性产生较大影响的有两种，即溶解度效应（液膜相溶于相邻水相）和诱导乳化（剪切力诱导的液膜相乳化）。在实践中可能是一种原因起主导作用，由于实验条件的差异也可能是几种原因对支撑液膜稳定性产生协同影响。

4.2　支撑液膜稳定性的改进

平板型支撑液膜是单层液膜，通常是仅仅利用毛细管的吸附作用将液膜相（有机溶液）吸附在多孔聚合物支撑体的微孔上。由于毛细管力很小，此种单层液膜能够承受的跨膜压差是很小的，若要使单层液膜能承受较高的跨膜压差，必须减小支撑体的孔径，这样才能减少或防止液膜相从支撑体的微孔中流失，延长膜使用寿命。为了延长支撑液膜的寿命，人们对膜结构的改进进行了如下的研究。

4.2.1　双层支撑液膜

在单层结构的支撑液膜下面加上一层与液膜相亲、疏水性相反的多孔膜制备层，则制成双层液膜。与传统的单层支撑液膜相比，双层液膜能显著提高单层液膜的耐压能力，延长支撑液膜的使用寿命，是一种有潜力的支撑液膜技术。

M. A. Teramoto 等[20]以改性后的聚四氟乙烯为膜支撑体，$AgBF_4$ 或 $AgNO_3$ 的三甘醇溶液为膜液，制得传统的支撑液膜，再将此膜片置于疏水的聚偏氟乙烯（PVDF）微孔膜上，制成双层支撑液膜。由于聚偏氟乙烯微孔膜表面是疏水的，可有效防止膜液流失进入水相。该膜能承受 200kPa 的跨膜压差，用于分离丙烯/丙烷的混合物，其膜的选择性和渗透通量在膜使用了 2～3 周后基本无变化，而通常的膜仅能维持几十小时或几小时。

4.2.2　复合支撑液膜

在支撑体的表面或在制好的支撑液膜表面通过化学接枝、界面聚合、表面涂敷等方法形成一复合层，锁闭支撑体微孔中的液膜相，防止液膜相从支撑体微孔中的流失或降低其流失速率，提高支撑液膜的稳定性，延长使用寿命。这样制得的液膜称为复合支撑液膜。

金美芳等[21]制成了一种新型复合支撑液膜。该复合支撑液膜是由带电荷的超薄皮层与 Celgard 2500 支撑体复合而成的。Celgard 2500（平均厚度 $25\mu m$，孔隙率 45%，平均孔径为 $0.05\times0.19\mu m$）由德国 A.G. Hoechst 提供。超薄皮层是一种无孔离子交换膜，它能防止含浸在支撑体微孔中的液膜相（有机溶液）流失，达到改善支撑液膜稳定性、增大溶质传递通量的目的。超薄皮层的主要成分是磺化聚乙醚丙酮［sulphonate poly (ether ketone)，SPEEK，分子量为 10200，密度 $1.34kg/L$，由荷兰 De Nonchy 公司提供］。复合膜的制备如下：首先用含 $5\%\sim10\%SO_3$ 的浓硫酸预处理 Celgard 2500 微孔支撑体。将 SPEEK 溶解于 N,N-二甲基甲酰胺中，浓度为 $5\%\sim10\%$（质量分数）。再将 SPEEK 涂覆于玻璃板上，制成超薄稳定层。然后将 Celgard 2500 微孔支撑体浸于含有载体的液膜相中，最后把超薄皮层附载到含载体的 Celgard 2500 微孔支撑体上。也可将 SPEEK 溶液涂在 Celgard 2500 微孔支撑体上，再将涂有 SPEEK 溶液的 Celgard 2500 微孔支撑体浸于含有载体的液膜相中。根据实验，可制成如下不同形式的复合支撑液膜（图 4-3）。

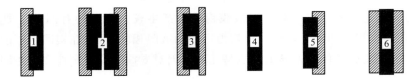

图 4-3　6 种不同结构类型复合支撑液膜

1—与料液接触而覆盖在 Celgard 2500 膜上的复合稳定层（复合 SPEEK 膜）；2—与料液接触而覆盖在 Celgard 2500 膜上的复合稳定层（复合 SPEEK 膜），另一侧与反萃取相接触粘贴 SPEEK 薄膜；3—Celgard 2500 膜接触料液一侧粘贴 SPEEK 薄膜，而另一侧接触反萃取相有复合稳定层；4—Celgard 2500 膜；5—Celgard 2500 膜的反萃侧有复合稳定层；6—Celgard 2500 膜的两侧各有复合稳定层

该文献作者用图 4-3 中 6 种不同结构类型复合支撑液膜迁移铜离子（由氯化铜配制），在相同的液膜相组成（载体是 Acorga P50、5-nonylsalicylaldoximeoxime，摩尔质量 $263g/L$，十二烷是膜溶剂）和相同的反萃取相（$2mol/L$ 盐酸）下，得出如下结论：膜两侧有复合稳定层的复合支撑液膜的稳定性最好，膜寿命达到 2000h，其铜离子的渗透系数仍未减小；磺化聚乙醚丙酮（SPEEK）是一种较好的阴离子交换膜，作为稳定层能很好黏附在预处理的 Celgard 膜上，能防止支撑液膜相的流失，改善支撑液膜的稳定性。稳定层涂覆于支撑体两侧的复合支撑液膜的性能优于其他复合形式。

一般而言，膜材料的改性是针对支撑体本身进行的，这是近年研究较多的从源头上防止液膜相流失的方向之一。复合支撑液膜通过在膜表面形成一层复合层，不需改变支撑体基质，即可达到锁闭液膜相的目的，再加上复合支撑液膜的制备方法众多，特别是界面聚合反应速率快、操作方便、生成的复合层缺陷较少、反应条件可控等优点，近年来引起了众多学者的关注，已广泛应用于复合支撑液膜的制备研究。

界面聚合法制备复合膜是将两种高反应活性单体在两种互不相溶的水油界面上发生聚合反应，当两相界面邻近固体膜表面时，在基膜表面会形成一层很薄的致密层，形成复合膜。选择具有特定反应活性的单体并设置适当的扩散速度是该技术制备具有理想致密度的复合层的关键。

文献［22］发现用界面聚合法在聚偏二氟乙烯（polyvinylidene fluoride）疏水微孔支撑体外表面形成一层亲水层而制得的复合支撑液膜在分离运行过程中对液膜有机相起到一定的锁闭作用，减缓了膜液的流失，提高了支撑液膜的稳定性。文献作者考察了四种界面聚合水相单体的结构、官能团性质对复合支撑液膜复合层的亲水性、孔结构和荷电性的影响。确定以赖氨酸（Lys）为水相单体，均苯三甲酰氯（TMC）为界面聚合油相单体，应用界面聚合法制备复合支撑液膜（支撑体表面改性）。重点考察了合成实验条件对复合支撑液膜稳定性和渗透性的影响。实验发现，在界面聚合水相溶液中加入具有亲水基团、立体空间结构较大的组氨酸，能疏松复合层孔结构，有效提高复合支撑液膜传质通量与运行稳定性。通过复合支撑液膜对 Ni（Ⅱ）传质通量萃取实验研究变化规律的分析，很好地验证了复合支撑体对支撑液膜稳定性的促进作用。

4.2.3　反萃分散组合液膜

罗小健和刘新芳等[23,24]在美国何文寿院士提出的"反萃取相预分散技术"和传统支撑液膜组合的基础上，设想将有不同特性的化学过程与反萃取相预分散支撑液膜组合，依据文献［25］，提出反萃分散组合液膜（strip dispersion hybrid liquid membrane，SDHLM），以适应工业过程中排放废水的多样性，尝试开展提高支撑液膜的稳定性和迁移效率的研究。反萃分散组合液膜的分离原理参见本书第 3 章图 3-2(e)。他们的研究结果显示，将对 Cu^{2+} 有动力学协萃效应的渗透剂 OT（琥珀酸二异辛酯磺酸钠）用于 N530-OT-煤油-HCl 反萃分散组合液膜体系，可成功实现铜的回收和铜铁分离，并发现该液膜体系的反萃分散相中的膜液能自动对支撑液膜微孔中的膜液损失进行补充，提高支撑液膜的稳定性，延长膜的使用寿命。在反萃分散组合液膜应用于其他模拟废水处理体系中[26-30]，通过测定萃取剂和膜溶剂在水相的含量，能证明反萃分散组合液膜比传统支撑液膜明显稳定。

4.2.4　其他改进型支撑液膜

本书第 1 章介绍了流动液膜［flowing liquid membrane，又称包容液膜（contained liquid membrane）］、液体薄膜渗透萃取（liquid film permeation）、反萃取相预分散的支撑液膜（supported liquid membrane with strip dispersion）、支撑乳化液膜、静电式准液膜（electro static pseudo liquid membrane）、内耦合萃反交替分离过程（inner-coupled extraction-stripping）的分离原理、分离效果和稳定性，有关文献［1，6］均有评价，此处不再赘述。

4.3　液膜相和制备工艺的研究

4.3.1　液膜相组成的设计

实验结果显示，蒸气压低（难挥发）的膜液有助于提高支撑液膜的稳定性。这是由于蒸气压低的膜液沸点较高的缘故。如果膜液挑选沸点高、黏度较大的大分子溶液，则此膜液不易溶于料液和反萃液中，能耐一定压差，并可避免因溶解、蒸发和跨膜压差而导致液膜相从支撑体微孔流失进入水相。根据此化学原理，Ho 等[31]提出了支撑聚合液膜（supported polymeric liquid membrane，SPLM）概念，将聚丙烯乙二醇（polypropylene glycols，PPG，分子量 4000）、聚丁烯乙二醇（polybutylene glycols，PBG，分子量 500～5000）等具有特定官能团，且对溶液中被迁移的溶质有亲和力的功能高分子聚合物（低聚体）作液膜相，使之吸附在聚四氟乙烯或聚丙烯 Celgard 2400 微孔中，可承受较大的压差，并且在水中溶解度小，可以提高膜的稳定性。图 4-4 显示了支撑聚合物液膜中载体 PPG 迁移低分子量有机物（硝基苯酚）的分离原理。

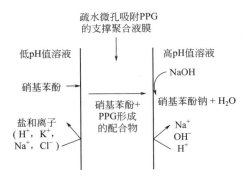

图 4-4　载体 PPG 迁移硝基苯酚示意图

　　笔者用此支撑聚合物液膜（PPG-4000/Celgard 2400 液膜；料液相 pH＝5.0，ρ＝15% KCl，4000mg/L 对硝基苯酚；反萃取相 0.1mol/L KOH；两相体积分别为 85mL，温度 25℃），经 8h 迁移后，反萃取相 PPG 浓度为 3788mg/L，料液相残留 PPG 浓度为 3.1mg/L，而反萃取相的 pH 值从迁移前的 13 降至停止迁移后的 12，料液相从 pH＝5.0 升至停止迁移后的 pH＝5.5。支撑聚合物液膜适宜处理含高盐或金属离子的有机物溶液（酚类、羧酸、醇、酯、芳香族酸、芳香胺和其他有机物溶液），效果良好，可对支撑聚合物液膜继续开展深入研究。

4.3.2　膜载体固定化

　　液膜相的损失，主要是载体和膜溶剂从支撑体微孔流出进入水相，这是支撑液膜稳定性降低的主要原因之一。因而，有人设想通过聚合反应或化学接枝等方法使载体连在支撑体上，提高支撑液膜的稳定性，延长支撑液膜的工作寿命，这也是顺理成章的想法。一般而言，活性载体通过某种方式直接固定在基膜材料上或基膜的表面所形成的分离膜上称为固载促进传递膜。近年来，固载促进传递膜备受各国学者的重视，研究十分活跃[32,33]。

　　载体的活性体现在载体与分离组分之间进行的可逆化学反应。若载体的活性弱，则可逆化学反应强度弱，促进传递效果不明显。若载体的活性太强，可逆化学反应强度高，则载体和待分离组分形成的配合物稳定，造成待分离组分在膜下游侧不易释放，不利于分离。一般要求是，可逆化学反应的反应强度要适中，并且无副反应。载体的固定化就是载体与基膜材料间通过配位键、共价键、分子间弱相互作用等方式得以固载。目前文献报道作为固载促进传递膜的载体有金属离子、含胺基团的功能单体、大环受体及蛋白质三大类。目前常用聚合、共聚、化学接枝改性、共混法、离子交换法使上述三大类载体固载在基膜上。而离子交换法是以离子交换膜作基膜。

　　载体接到支撑体高聚物上可减少载体流失，原来的惰性膜也转化成离子交换膜，但载体固定后，载体不能来回往返于膜的两侧之内，故溶质迁移通量下降。金美芳和王俊九等[34]将载体接上液晶之后再固定在支撑体上，解决了膜载体固定后在液膜相中不能移动的问题。因为液晶态下的分子易于流动，同时液晶基元的选择取向诱导载体分子的定向有序排列，形成离子通道，促进离子的传递，因而增加了膜的传递通量。载体接枝后，合成的液晶高聚物是一种液晶高分子膜，具有载体促进传递的特性，又称为液晶化载体促进传递膜。在此种液晶高分子膜中，除了液晶基元，载体也连在高分子链（氢硅氧烷）上，是具有冠醚和液晶双重功能的液膜。图 4-5、图 4-6 分别为合成单体和合成后液晶化载体的结构。

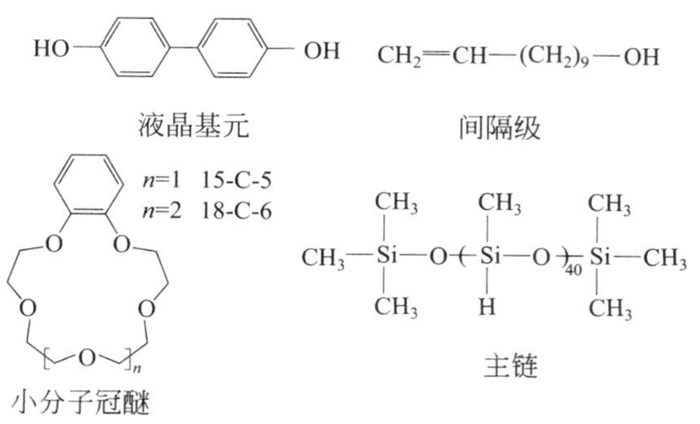

图 4-5　合成单体结构

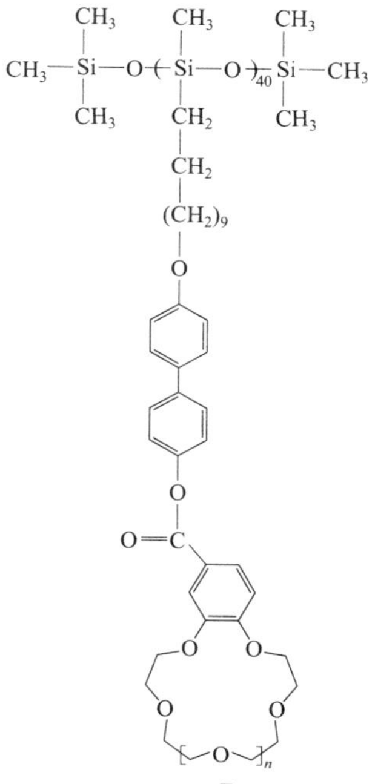

图 4-6　合成后液晶化载体结构

4.3.3　液膜相凝胶化

凝胶是外界条件（如温度、外力、电解质或化学变化）变化使体系由溶液或溶胶转变为一种特殊的半固体状态，它是胶体质点或高聚物分子相互联结所形成的空间网状结构，在这个网状结构的孔隙中填满了液体（分散介质），故凝胶是胶体的一种存在形式，其性质介于固体和液体之间。凝胶有两个特殊的性质：①在凝胶中，分散相质点互相连接，在整个体系内形成结构，液体包在其中。随着凝胶的形成，凝胶体系失去流动性，而且显示出固体的力学性质，如具有一定的弹性、强度等。②凝胶和真正的固体又不一样，改变凝胶体系的条件（如温度、介质成分或外加作用力等），能使凝胶结构破坏，发生不可逆变形，产生流动[35]。

在液膜相（LM）中加入一种高分子聚合物（如 PVC），加热、熔融、冷却、凝胶结晶或将高聚物先溶解于易挥发溶剂，再使溶剂挥发，在支撑液膜内形成凝胶网孔，从而提高了液膜相的黏度，使液膜相溶液从支撑体微孔内被置换出来的阻力增大，有效阻止形成液膜相胶束和防止胶束进一步乳化形成乳化液滴，提高支撑液膜的稳定性。

液膜相凝胶化有两种途径，即均匀凝胶化和薄层凝胶化。均匀凝胶化[36]是使整个液膜相凝胶化。当液膜相中高分子聚合物的浓度较低时，能有效地改善支撑液膜稳定性，与未凝胶处理的支撑液膜相比，其溶质跨膜的迁移通量减少不显著，但高分子聚合物的浓度较高时，迁移通量显著减少。

薄层凝胶化[37]是将热的液膜相和高分子聚合物的溶液用薄纸或浇铸刀均匀刮在支撑体的表面上（邻接料液相），冷却成膜。用此法制成的膜，其凝胶层薄（约 1mm），液膜相中高分子聚合物的含量较高（$\rho = 40\%$羧基化PVC）时也不影响溶质迁移通量，膜的机械稳定性也提高，能有效克服料液与支撑体界面由于料液低盐浓度形成水包油胶束使支撑体微孔中的液膜相流失的问题。据称，用此法制成的这种含凝胶薄层的支撑液膜的传质功能良好，寿命以数年计。如果在配制液膜相和高聚物的溶液时，加入化学交联剂，则成膜后凝胶网孔变小，更有利于提高支撑液膜稳定性。但此法不是通用的方法，重复性差，不适合大规模工业应用，也不适合中空纤维膜，有待进一步研究[1]。图4-7显示了凝胶提高支撑液膜的稳定性。

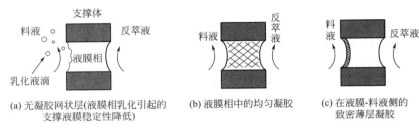

(a) 无凝胶网状层(液膜相乳化引起的 (b) 液膜相中的均匀凝胶 (c) 在液膜-料液侧的
支撑液膜稳定性降低)   致密薄层凝胶

图4-7 凝胶对支撑液膜稳定性的影响

4.3.4　离子液体支撑液膜的制备

常见的离子液体支撑液膜制备方法有浸渍涂布法、加压法、真空法[38]。后两种方法可合并简称为压差法。浸渍涂布法操作简单易实施，适用于黏度低的离子液体，但对于黏度高的离子液体不适用。压差法对高黏度离子液体有效，但操作复杂，需要专用设备，离子液体消耗量大，重复性不够理想，尤其对于黏度极高的离子液体，膜的质量更难控制。

（1）浸渍涂布法　浸渍涂布法的简要流程如下：称量平板固体支撑体→置固体支撑体于适当容器中→注入适量离子液体浸渍固体支撑体（1～24h）→用棉签、滤纸小心、快速地擦去支撑体表面多余的离子液体→称量，确定吸附的离子液体的量。

浸渍涂布法属于自然浸润，是单纯依靠毛细管力作用使离子液体自然浸入支撑体的微孔中，但是对于黏度较大的离子液体，或支撑体微孔孔径受限的情形，即使延长浸渍时间（1天甚至达到1周），甚至多次重复浸渍，仍难以获得理想效果。离子液体虽能在较短时间浸润支撑体表层并形成一定厚度的液膜层，但支撑体微孔孔径较大的那部分孔道难以完全充满离子液体，从而造成"漏洞"，直接影响膜的选择性和分离性能，可见这种方法有待改进。

（2）压差法　压差法是使支撑体强制浸润。在固体支撑体两侧施加一定压差，克服离子液体黏度过高而引起的流动阻力，人为地加大离子液体在支撑体微孔道中渗透扩散的推动力。可视具体情况采取加压和抽真空的方法控制压差。

具体操作时，将固体支撑体置于离子液体的特制加压装置上，在支撑体下方垫一层滤纸，再将3mL离子液体注入支撑体上，通入2bar的N_2并保压，待离子液体液位逐渐降低至剩一薄层时停止加压，再注入3mL的离子液体，重复上述步骤共三次。需要指出的是，每次重复操作时均应该保证支撑体表面剩余足够离子液体，否则被抽尽后容易造成浅表层离子液体流失，影响膜质量。当下层滤纸全部浸透时，即表明支撑液膜孔道里充满了膜液，将膜悬挂移去表面多余的离子液体。

与浸渍涂布法比较，压差法制备离子液体支撑液膜的过程稍复杂，但制备时间短，成膜质量易保证。对黏度较小的离子液体，用真空法和加压法制备离子液体支撑液膜，两种方法在支撑体上负载的离子液体的量差别不大，而对黏度大的离子液体，两种方法负载的离子液体的量，加压法是真空法的三倍[38]。

　　对有机支撑体，加压过高会导致有机支撑体微孔管道损坏。对陶瓷管支撑体和中空纤维支撑体，施压时间延长，虽能增大液膜层厚度，但支撑体中孔径相对较大的孔道也难以充满离子液体。这些局限性说明压差法在一定程度上克服了因离子液体黏性带来的流动阻力，但作用效果仍被限制，压差法还有改进的必要。如果能够设法降低离子液体黏度，则有助于改善其渗透扩散性质，从而提高膜的质量和稳定性。主要方法包括升温降黏、有机溶剂降黏以及高压 CO_2 辅助降黏。

　　（1）升温降黏法　该法依据离子液体的黏度随温度升高而降低的原理。图 4-8 为咪唑类离子液体的动力学黏度随温度的变化[39]。从图中可看出，九种咪唑类离子液体的黏度随温度升高而迅速降低，在 310K 以上的温度，上述离子液体的黏度基本没有变化。

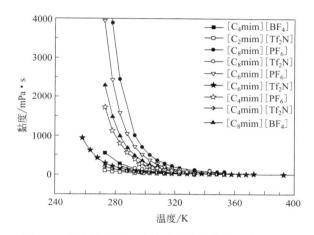

图 4-8　咪唑类离子液体的动力学黏度随温度的变化

　　有文献报道，离子液体升温到适当温度，再用浸渍法成膜。对高分子支撑体，升温也只能到适当的温度，不能过高。

　　（2）有机溶剂降黏法　离子液体能与甲醇、乙醇等多种有机溶剂互溶，形成的混合溶液的黏度比纯离子液体低，用于浸渍涂布制备成膜后，控制外界条件，待乙醇或甲醇挥发后再反复涂抹该混合溶液数次，不失为一种较好的成膜方式。

　　（3）高压 CO_2 辅助降黏法　低温下高压二氧化碳辅助制备离子液体支撑液膜的方法同时吸收了压差法和降黏法的双重优点，很好地克服了溶剂脱除过程中容易引起液膜层产生漏洞的难题。

　　施加高压氮气或者抽真空法可以增加离子液体在支撑体微孔孔道内渗透扩散的驱动力，而升温和有机溶剂降黏法通过改变离子液体黏度以减小其流动阻力，但并未影响其渗透扩散的推动力。虽然它们都在一定程度上克服了离子液体支撑液膜制备过程中的不理想之处，但也存在明显的不足，这就决定了升温和有机溶剂降黏法与压差法的适用性必定受到了束缚。

　　如果能将压差法和降黏法耦合，克服它们各自的缺点，则有望发展一种既能提高离子液体在支撑体微孔孔道内渗透扩散的驱动力，又能降低离子液体黏度达到减小离子液体在支撑体微孔孔道内的流动阻力的离子液体支撑液膜制备新方法。

文献［40］提出低温下高压 CO_2 辅助制备离子液体支撑液膜的新方法。在较低温度（<50℃）下，在离子液体中注入高压二氧化碳调节其黏度，将溶解了二氧化碳的离子液体注入支撑体某一侧（平板膜为上下侧，管式膜为内外侧），同时控制支撑体两侧的压差在一定范围内，保压浸渍一定时间后，对系统缓慢减压，分离释放二氧化碳，则可以获得膜层均匀、负载量可控的离子液体支撑液膜。图 4-9 简要描述了高压 CO_2 辅助法制备离子液体支撑液膜。

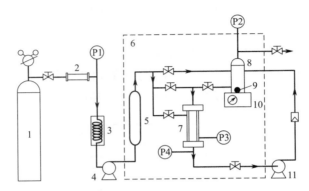

图 4-9　高压 CO_2 辅助法制备离子液体支撑液膜

1—CO_2 钢瓶；2—干燥器；3—冷凝器；4—泵；5—缓冲罐；6—干燥箱；

7—膜组件；8—离子液体罐；9—转子；10—磁力搅拌器；11—泵

与升温降黏法相比，高压 CO_2 辅助制备离子液体支撑液膜能够在较低温度下实现用高压二氧化碳降低离子液体黏度，是这种方法的一个优势。尽管这种方法吸收了压差法和降黏法的长处，但要实现工业应用还有很多应用基础研究问题和关键技术需要解决。例如，为了实现精确可控制备（液膜层厚度、离子液体负载量、膜层分布是否均匀、稳定性），需要从分子水平深入认识离子液体和二氧化碳间相互作用的机制、二氧化碳对离子液体黏度调节的基本规律和控制参数、高效的制备装置等等。

为了进一步提高离子液体支撑液膜（SILM）的稳定性，人们借鉴固定载体膜的方法提出了聚离子液体膜[41,42]、凝胶离子液体膜[43]、化学稳定离子液体膜[44]等，尽管其中一些膜已不属支撑液膜（SILM），但是其思路可供发展 SILM 参考。这些新膜提高了离子液体膜的稳定性，但气体渗透率比传统 SILM 有大幅下降，因为气体在 SILM 中的扩散由液相转向固相扩散，尤其聚离子液体膜和凝胶化离子液体膜。这类稳定化技术有待进一步完善和改进。

4.3.5　离子液体支撑液膜的稳定性和均匀性

衡量 SILM 最重要的标准是 SILM 的稳定性和均匀性，因为稳定性决定离子液体支撑液膜的寿命和应用，均匀性决定离子液体支撑液膜的分离因子。通过称重、液膜厚度、SEM（扫描电镜）、EDX（能量弥散 X 射线分析技术）、XPS（X 射线光电子能谱）等可以表征 SILM 的稳定性和均匀性。其中的称重是确定离子液体的负载量和运行过程中的损失。研究发现，离子液体支撑液膜的稳定性受多种因素影响，如离子液体性质、支撑体、SILM 制备方法等。

（1）稳定性　文献［45］在研究支撑体微孔结构对 SILM 稳定性时指出，由指状孔膜制得的 SILM，在 700kPa 压差下能保持稳定，液膜相没有明显损失，而由海绵状孔膜制得的 SILM，只能在小于 250kPa 压差下保持稳定。由此可见，指状孔 SILM 有更高的稳定性。

　　支撑体孔径也会影响 SILM 稳定性，孔径越小，毛细管力越大，SILM 能够承受的压差越大。例如，由超滤膜和微滤膜制得的 SILM 只能在 100kPa 压差以下保持稳定性和较好的选择性。用氧化铝纳滤膜制备 SILM，能在 700kPa 压差下保持稳定性和较好分离性能。

　　离子液体黏度和制备方法也会影响 SILM 的稳定性。文献［46］的研究结果表明，同一种离子液体，由加压法所得 SILM，其离子液体负载量要高于真空法。对高黏度离子液体，加压法和真空法的区别更为明显，主要是在较大压差作用下，离子液体在支撑体孔道内的填充状况要好一些。

　　（2）均匀性　离子液体黏度对液膜相在支撑体孔道内的分布均匀性有一定影响，可以借助于适当的制备方法加以克服。实验发现，支撑体结构对均匀性的影响更大。文献［45］采用不对称皮层-指状孔结构和对称海绵网状结构两种结构不同的疏水聚偏氟乙烯（PVDF）微滤平板膜作为 SILM 的支撑体后，用扫描电镜发现，不对称 PVDF 制膜后，离子液体将皮层部分的膜孔几乎完全填满，指状孔部分填满，部分较大的指状孔未填充完全，而对称 PVDF 支撑体制膜后，离子液体将整个截面的膜孔几乎完全填满，膜层较均匀。这就造成对称 PVDF 支撑体制成的 SILM 在 CO_2 和 N_2 的分离中，对 CO_2 的选择性明显高于不对称 PVDF 支撑体制成的 SILM 对 CO_2 的选择性。但对称 SILM 可承受的最大操作压差一般小于 200kPa，对相同的离子液体，不对称 SILM 承受的操作压差远超过 200kPa。这显示了不对称皮层-指状孔结构有利于 SILM 的机械稳定性，但其对 CO_2/N_2 的分离性能较差，而对称海绵状网络结构对 CO_2/N_2 的分离性能较好，但 SILM 的机械稳定性较差。此亦说明为制备机械稳定性与分离性能双优的 SILM 需要做更多的研究工作去筛选更加适合气体分离的支撑体、离子液体、SILM 制备方法等。

4.4　膜支撑体的改进

4.4.1　膜支撑体的选择

　　膜支撑体的选择对延长支撑液膜操作寿命有重要影响。文献［47］对膜支撑体的选择提出了三个要求。

　　（1）如果支撑体微孔的直径小于 $0.2\mu m$，液膜相蒸气压降低，这有利于提高液膜的稳定性。下面的 Kelvin 方程描述了支撑体微孔孔径和微孔内吸附的液膜相的蒸气压的关系：

$$r_k = \frac{-2\gamma V_m}{RT\ln(p/p_s)} \tag{4-3}$$

　　式中，r_k 为支撑体微孔半径；γ 为液膜相表面张力；V_m 为液膜相摩尔体积；p、p_s 分别为温度 T 时液膜相的蒸气压和饱和蒸气压；R 为气体常数。此式表示，在一定温度下支撑体微孔半径愈小，微孔内吸附的液膜相蒸气压（p）愈低，有利于增强支撑液膜稳定性。

　　（2）膜支撑体通常是一种聚合物。选择聚合物材料的原则是该聚合物支撑体能很好地被液膜相润湿。这要求在聚合物支撑体和液膜相间的接触角（θ）为 0 或接近 0。文献［48］观察到 $\cos\theta$ 与液膜相的表面张力（γ）成正比。以 $\cos\theta$ 对 γ 作图，得一条直线，并外推至 0，得一特征参数，命名为临界表面张力（γ_c）。γ_c 是聚合物的特征参数，它的物理意义是液膜相自发在此聚合物表面铺开的最高表面张力。表 4-5 列出了几种聚合物的临界表面张力值[47]。由于支撑液膜常用溶剂的表面张力处于 20～30mN/m,而聚四氟乙烯（PTFE）的 γ_c 是 18.5mN/m,尽管它在化学性质上是惰性的,但用作膜支撑体是不适合的。相反,聚丙烯常用作膜支撑体。

表 4-5　不同聚合物的临界表面张力值（γ_c）

聚合物	聚四氟乙烯	聚硅酮	聚丙烯	聚氯乙烯	聚酯	尼龙 66
$\gamma_c/(10^{-5}\mathrm{mN/m})$	18.5	约 25	31	39	43	46

（3）由溶液渗透压和在膜两侧流动的不同流速的流体等因素引起的应用压力造成的较大跨膜压力差是引起支撑液膜不稳定性的一个重要因素。当跨膜压力差超过支撑液膜的临界取代压力（p_c）时,被吸附在支撑体微孔内的液膜相溶液（有机相）被水相取代,因而使支撑液膜分离失败,缩短了支撑液膜的工作寿命。可以用公式(4-2)计算 p_c。表 4-6 列出了两种不同支撑体材料和五种溶剂分别构成不同支撑液膜体系的支撑液膜临界取代压力值（p_c）[47]。一般而言,接触角 $\theta=0$ 时,计算的 p_c 是极大值,$\theta \geqslant 90°$,液膜相不被吸附在支撑体微孔中。支撑体微孔愈小,支撑液膜临界取代压力（p_c）愈高。一个稳定的支撑液膜必须在跨膜总压力小于支撑液膜的临界取代压力（p_c）时才能正常工作。当支撑体微孔大小不规则时,文献［49］对计算 p_c 的 Young-Dupre 方程进行了修改。

表 4-6　不同支撑液膜体系的支撑液膜临界取代压力（p_c）　　　　单位：kPa

支撑体材料	溶剂				
	煤油	十二烷	庚烷	甲苯	壳牌溶剂
Celgard 2500（聚丙烯）	313	307	215	333	356
durapore HVHP（聚偏二氟乙烯）	83	79	83	65	81

4.4.2　平板夹心型支撑液膜和框式隔板夹心型支撑液膜

平板单层支撑液膜在分离研究中经常采用,但支撑液膜的稳定性不尽人意。为了减少支撑液膜中液膜相的流失,提高支撑液膜的稳定性,易涛等[50]用平板夹心型支撑液膜构型探索夹心型支撑液膜构型和膜稳定性的关系,考察了不同材质和不同厚度的支撑体对液膜萃取行为的影响。图 4-10 为这种平板夹心型支撑液膜的结构。

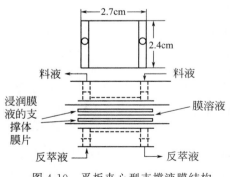

图 4-10　平板夹心型支撑液膜结构

对于平板夹心型支撑液膜（flat sheet supported sandwich liquid membrane, FSSSLM）,图 4-10 显示两层支撑体膜片很紧密地贴在一起,中间充有很薄的膜有机溶液,整个膜片的厚度与单层膜相比增加了一倍多。但考虑传质机理的过程中仍用单层膜模型。他们以聚丙烯支撑体浸润含有 HEH（EHP）磺化煤油溶液构成的平板夹心型支撑液膜迁移料液中的 La³⁺（详细实验条件见该文献）,得出了如下结论：两张膜片叠加在一起,膜层增厚，传质路径变长，渗透系数下降，同时，两张膜之间充填的液膜相有机溶液厚薄不易控制，气泡难以赶尽，影响渗透系数的准确测定；夹心膜的稳定性比单层膜高；夹心膜实验证实了萃取过程中萃取剂的补充和再生的可能性，为进一步提高夹心型支撑液膜稳定性的研究提供了依据，并提出卷包夹心型支撑液膜体系值得进一步深入研究。

文献［51］为了克服平板夹心型支撑液膜中两张膜之间充填的液膜相有机溶液厚薄不易控制导致的影响渗透系数难以准确重复测定的困难，设计加工了如本书第 3 章图 3-2（d）显示的平板夹心型支撑液膜。在此装置中，两张膜之间的膜相有机溶液体积固定，不论膜溶剂密度比水密度大或者比水密度小都可用该装置方便地测定渗透系数，实验证明，实验数据有较好的重现性。

杜启云等[52,53]在平板夹心型支撑液膜的基础上又设计了框式隔板夹心型支撑液膜组件，其目的是提供液膜相可流动且稳定性较好的支撑液膜体系。此设计是在两片多孔惰性聚合物膜之间和外侧分别由两种框式隔板相互隔开，两种隔板的不同位置有特定设计的液流孔。经过控制，料液相可在第一片多孔膜的上方流动，液膜相有机溶液在两张多孔聚合膜之间流动，而反萃取相在第二片多孔聚合膜的下方流动，接上外循环系统，料液相、液膜有机相、反萃取相三相流动。这种装置可多层叠加，构成实际应用的多层框式隔板夹心型支撑液膜组件。

中空纤维组件在本书第 2 章有介绍，此处不再赘述。

4.4.3　膜支撑体微孔结构的深度认识

文献［49］的研究目的是探讨支撑体微孔结构对支撑液膜工作寿命的影响，并指出一个浸渍液膜相溶液的支撑液膜能够承受的最大压力差［临界取代压力（p_c）］与膜支撑体的最大孔径（membrane maximum pore size）和微孔结构、界面张力、接触角有密切关系。为了证实这个认识，文献作者提出支撑体微孔"瓶颈"模型（neck model）并设计了测定临界取代压力（p_c）和其他参数的相应实验，对支撑体微孔结构和实验参数的关系进行了一系列的讨论。支撑体微孔瓶颈模型的要点如下：

（1）支撑体微孔结构如图 4-11 所示。在微孔的半径（X 轴）方向，微孔周边近似一椭圆或成一偏离圆的形状。α 是支撑体微孔壁和垂直于微孔内膜表面的纵坐标构成的一个角，称为结构角。结构角 α 随微孔内的固-液界面在 Z 轴方向的不同位置而具有不同的值。$-\alpha$ 也是定义的结构角，和 α 的方向相反［图 4-11（a）］。ϕ 是圆柱体（将支撑体微孔理想化为一

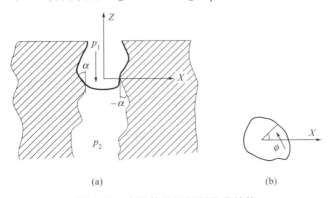

(a)   (b)

图 4-11　支撑体的不规则微孔结构

圆柱形毛细管）在如图的 XY 平面的角坐标（Y 轴垂直于当前的页面），变化范围是 $0\sim2\pi$ [图 4-11(b)]。p_1 和 p_2 是微孔两侧液相的压力。

（2）图 4-12 为在支撑体表面和微孔内的接触角。$\theta_{A,ni}$ 是非浸渍相（例如，在支撑液膜体系中的料液相）的前进角（advancing contact angle）。下标 ni 是非浸渍相（non-impregnating phase）的英文缩写，下标 A 代表 advancing，i 是浸渍相（impregnating phase）的英文缩写，通常通过毛细管的吸附而被吸入支撑体微孔内的液膜相就是浸渍相，θ 是接触角。在图 4-13 中，$\theta_{R,i}$ 是浸渍吸附在支撑体微孔内的液膜相的后退角（receding contact angle），下标 R 代表 receding，$\theta_{R,i}$ 和 $\theta_{A,ni}$ 是有效接触角。在水取代支撑体微孔内的液膜相时，液膜相是后退的（receding），而进入微孔内的水是前进的（advancing）。其中存在如下关系：

$$\theta_{R,i}+\theta_{A,ni}=180° \tag{4-4}$$

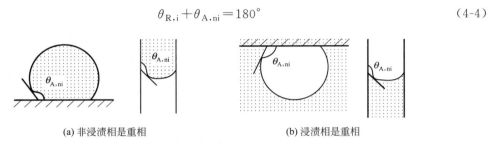

(a) 非浸渍相是重相   (b) 浸渍相是重相

图 4-12　在支撑体表面和微孔内的接触角

（黑点区域代表重的液相）

（3）图 4-13 为支撑体微孔的瓶颈结构。r 是支撑体最大微孔内的最窄瓶颈的半径，R 和 R' 是微孔内和瓶颈相连弧线的曲率半径。R 的值反映了膜微孔的连接是平滑浑圆还是尖锐的。R 和 r 是膜的特征参数，可从膜的电镜实验图并结合非线性回归获得。

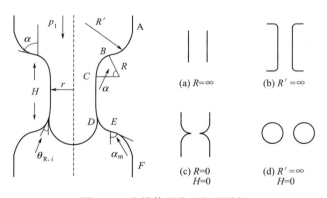

图 4-13　支撑体微孔的瓶颈结构

在图 4-13 中，α_m 是最大结构角（the maximum structure angle），它是膜结构的一个极重要的参数。α_m 决定了膜的润湿性。r_h 是水力半径，它描述了非圆形的不规则孔的大小。膜孔与理想圆柱形的毛细管的偏离用水力半径和一个结构角来表征。r_h 修正支撑体微孔和圆的半径偏离，而结构角决定了支撑体微孔和均匀圆柱体的偏离。由于最大的毛细管压力是在图 4-13 中的从 B 到 E 的弧线段内（瓶颈处）出现，因而可推出从 B 到 E 的任一截面中 r_h 和 α 的关系式：

$$r_h=r+R(1-\cos\alpha) \tag{4-5}$$

式中，各字母代表的含义在本节前面已介绍。

（4）经过适当假定，该文献作者提出下面两式计算临界取代压力（p_c）：

$$如果\ |\alpha| \leqslant \alpha_m,\ \ \sin(\theta_{R,i}+\alpha) = \frac{\dfrac{R}{r}\sin\theta_{R,i}}{1+R/r} \tag{4-6}$$

$$\alpha = -\alpha_m,\ \ p_c = \frac{2\gamma\cos(\theta_{R,i}+\alpha)}{r\left[1+\dfrac{R}{r}(1-\cos\alpha)\right]} \tag{4-7}$$

上述两式中，各字母含义已介绍。对指定的支撑液膜体系，可以用该文献介绍的实验测定支撑体微孔的 R 和 r，而支撑液膜的非浸渍相前进角（advancing contact angle）$\theta_{A,ni}$ 用装有测角器的移动显微镜按测定接触角的标准方法测定。用式(4-4)求出 $\theta_{R,i}$ 后，将 $\theta_{R,i}$、R 和 r 代入式(4-6)，可求出临界区的结构角 α。再将 $\theta_{R,i}$、R 和 r、γ、α 代入式(4-7)，求出临界取代压力（p_c）。如果式(4-7)中的 r 用 r_h 代替，则式(4-7)可用于计算不规则微孔的临界取代压力。将已知的 R、r、γ、p_c、$\theta_{R,i}$ 代入式(4-7)，可求出最大结构角（α_m）。由于界面张力（γ）和接触角的大小与液膜相载体和被迁移溶质形成的配合物有关，整个计算推导应考虑形成的配合物对临界取代压力（p_c）的影响。有兴趣的读者可参阅该文献。最后，笔者建议应使用微孔网络具有较少连接而又有微孔边缘的支撑体。

4.5　支撑液膜更新技术

支撑液膜稳定性的改善可从两方面进行：改进支撑液膜体系的组成和结构（本章前面部分已讨论了某些较流行的认识）；将传质功能下降甚至完全失效的支撑液膜再生，恢复传质功能。

4.5.1　中空纤维更新液膜

2004 年张卫东提出[3]"中空纤维更新液膜技术（hollow fiber renewal liquid membrane，HFRLM）"。此研究采用疏水中空纤维膜，膜的微孔事先用有机萃取相（含萃取剂的液膜有机溶液）浸润，反萃取相与料液相分别在中空纤维膜管内和管外侧流动，在管内反萃取相流体中加入一定量的有机萃取相，与管内流动的流体（反萃取相）形成极为细小的萃取相微滴（萃取剂的弱表面活性的作用）。在流动的过程中，萃取相微滴与中空纤维管内壁密切接触，由于表面张力和膜的浸润性影响，萃取相微滴被黏附在中空纤维膜管的内壁上，利用管内流体（反萃取相）和管外流体（料液相）流速不一致所形成的剪切力，在管内壁形成一层极薄的有机相液膜。如图 4-14 所示，溶质从料液相被萃取到中空纤维管壁微孔（支撑体微孔）中的液膜相再迁移到与微孔紧密接触的极薄有机相液膜中，而管内流动的反萃取相与极薄有机相液膜接触产生反萃取，使溶质从极薄有机相液膜扩散到达反萃取相中，将从中空纤维管内流出的富含萃取相微滴的反萃取相收集、静置、澄清，待分相后可循环回管内入口重新使用。该过程保持了支撑液膜技术所具有的传质效率高的特点，综合了膜萃取技术相间无泄漏、二次污染少、传质比表面积大、传质速率快的优点，并引入了液滴与壁面有机相薄膜之间的更新融合方式。

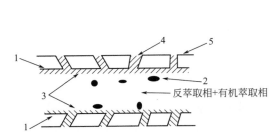

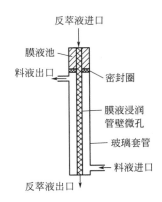

图 4-14　中空纤维更新液膜技术示意图

1—中空纤维内壁；2—萃取相微滴；3—有机相液膜；
4—中空纤维管壁微孔及吸附有机相；5—中空纤维外壁

图 4-15　毛细孔重力渗流再生方式示意图

4.5.2　支撑液膜的再生

　　毛细孔重力渗流再生方式用于中空纤维管型支撑液膜的再生。图 4-15[54] 显示构件的上端有一个液膜有机相溶液储池，中空纤维管穿过膜液储池，液膜有机相溶液通过中空纤维管壁的微孔被吸附而流至整个中空纤维管壁并充满其孔隙。这种再生技术可以连续地补充流失的液膜溶液，提高支撑液膜的稳定性，延长其寿命。

4.6　支撑液膜稳定性研究的实验方法

　　支撑液膜中液膜相溶液的流失和支撑液膜稳定性研究的实验方法大致可分为两种。一种是用表征支撑液膜分离和迁移性能参数值的下降表征膜的不稳定。例如，渗透系数在支撑液膜连续运行几天后显著变小，即膜可能显示不稳定，可视具体分离体系，分析原因。这一种方法是从膜的宏观传质数据表达膜的稳定性，未能从微观上考察膜相溶液的流失行为，因而不能彻底弄清导致膜不稳定的微观机理和影响膜不稳定的主要因素。另一种方法是直接测定膜载体和膜溶剂在料液相、反萃取相中的含量（例如浓度）来表征支撑液膜的不稳定性。通常，含量高显示膜载体和膜溶剂流失严重。这种方法只能给出支撑液膜每次分离迁移实验总的膜相溶液的流失，不能代表支撑液膜连续操作过程中不同时刻的膜相溶液流失行为。并且用膜总体的膜液流失程度表征支撑液膜的失效是不完全准确的。因为支撑液膜中支撑体微孔的孔径不均匀，有的孔径大，有的孔径小，对每一种商业支撑体报道的孔径是用指定标准测出的平均值。故大孔隙中的膜液更容易流失形成"隧道"，这用膜液总的损失是无法表征和关联的。此外，对有载体的支撑液膜，膜的传质性能还与膜相载体浓度有关，用水相中载体的质量损失也无法表征载体流失对膜性能的影响。

　　文献中有关支撑液膜稳定性和膜液流失的研究报道，由于研究方法和研究体系的差异，得出的结论可能不一致。这就提示我们，对膜相溶液流失的微观机理和实验方法要深入地多角度研究，这正是改善液膜配方和制作工艺、优化支撑液膜分离操作条件、延长支撑液膜使用寿命的重要基础。

4.6.1　交流阻抗法和膜电容研究液膜相液体的流失

采用交流电方法来研究界面电化学反应对界面阻抗的影响，称为交流阻抗法。而交流阻抗谱是研究电极过程动力学、电极表面现象以及测定固体电解质电导率的重要工具。对阻抗谱进行分析，通常有两种方法：一是将电极过程简化为等效电路，对阻抗谱图进行模拟；二是利用模拟软件，直接对阻抗谱进行模拟，可得到"等效电路码"及元件参数。

作为研究用的支撑液膜对溶质的迁移、分离、富集全部体现在一个迁移池装置中。如果支撑液膜运转工作的话，在迁移池中，存在电量的转移、化学变化和组分浓度的变化等。如果在迁移池的两个电极上加上交变电压信号（$V\sim$），则迁移池中将通过交变电流（$I\sim$）。如果电压信号具有正弦波形并且振幅足够小，所引起的交变电流也将是同一频率的正弦波。对于每一确定的支撑液膜体系（迁移池），外加交变电压和所引起的交变电流二者的振幅成一定的比例，而且二者的相位相差一定的角度。若只考虑这一特性，我们就有可能利用电阻 R 和电容 C 串联组成的电路来模拟迁移池在小振幅正弦交变信号作用下的电性质。所谓迁移池的等效电路（等效阻抗），是由 R、C（有时还要包括电感 L）等元件组成的这样一种电路，当加上相同的交变电压信号时，通过电路的交变电流与通过迁移池的交变电流具有完全相同的振幅和相位角。

支撑液膜是用液膜相液体浸渍多孔膜，使支撑膜空隙内完全充满液膜相液体。由于液膜相液体（有机溶剂）不容易导电，其电阻相对水溶液大很多，所以膜电阻主要取决于有机溶剂。迁移池结构如图 4-16 所示[55]。

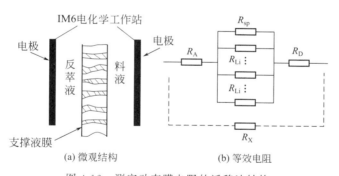

(a) 微观结构　　　　(b) 等效电阻

图 4-16　测定动态膜电阻的迁移池结构

图 4-16 中，R_D 和 R_A 分别为料液侧和反萃取液侧的液体电阻，液膜电阻可看成是由高分子支撑体电阻 R_{sp} 和 n 个孔隙液体电阻 R_{Li}（下标 Li 表示液体）并联而成。

总电阻是 $R_X = R_D + R_A + 1/(1/R_{sp} + \sum 1/R_{Li})$，其中支撑液膜电阻 $R_s = 1/(1/R_{sp} + \sum 1/R_{Li})$。所测得总电阻为支撑液膜电阻和两侧流动相液体电阻之和。由于在液膜分离操作过程中，随着液膜相液体流失，支撑体微孔内有机液体层变薄，膜电阻也随之下降，如果在膜相中加入载体，可以利用载体的促进传质作用提高传质速率。由于传质的加快进行，膜液体的流失也加快了，膜电阻的下降速度也加快了，因此都可以用动态膜电阻来表征液膜相液体的流失过程。

测定支撑液膜膜电阻的方法有 Wheatstone 电桥法、测原电池内阻法（支撑液膜体系原则上是一个浓差电池）、恒直流电流法、交流阻抗法。实验结果显示[55]，交流阻抗法测膜电阻减少了外部的干扰，实验数据重现性好、误差小，而恒直流电流法在支撑液膜迁移池两端加一个恒定直流电流，结果产生很大的浓差极化效应，用恒定直流电流法测膜电阻是不可行的。而剩余的两种方法测定的数据重现性不理想，误差范围大。

文献［56］选择料液中 Cu^{2+} 浓度为 2g/L，pH 值为 3.268，反萃取侧硫酸浓度为 10mol/L，载体为 LIX984，溶剂为煤油的支撑液膜体系，以铂片电极作为工作和辅助电极，设置频率范围 5Hz～200kHz，应用 VMP3 电化学工作站交流阻抗法测定支撑液膜体系的动态膜电阻，并可连续对支撑液膜迁移池进行频率扫描得到膜流失不同阶段的交流阻抗图谱，包括 Bode 图和 Nyquist 图。

迁移池的交流阻抗由实部 Z' 和虚部 Z'' 组成：

$$Z = Z' + jZ'' \tag{4-8}$$

Nyquist 图是以阻抗虚部（Z''）对阻抗实部（Z'）做的图，是最常用的阻抗数据的表示形式。根据图的形状，可大致推断电极过程的机理，还可以计算电极过程的动力学参数。Nyquist 图特别适用于表示体系的阻抗大小。

Bode 图是阻抗幅模的对数 $\lg|Z|$ 和相位角 θ 对相同的横坐标（频率 f）的对数 $\lg f$ 的图，而 Bode 图则提供了一种描述电化学体系特征与频率相关行为的方式，是表示阻抗谱数据更清晰的方法。

文献［56］得到的典型的 Nyquist 图和 Bode 图见图 4-17 和图 4-18。从 Nyquist 图（图 4-17）中可以看出，该图分为两个部分：高频部分为一个圆心略低于 X 轴的半圆；低频部分为一条与实轴夹角大于 45° 的直线。由于有机液膜相液体不易导电，其电阻大于水相溶液电阻，高频部分半圆主要描述支撑液膜的电化学行为，而低频直线部分主要描述铂电极的界面特性。

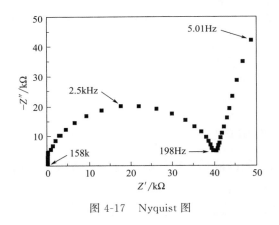

图 4-17　Nyquist 图

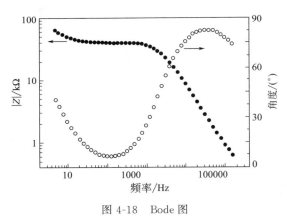

图 4-18　Bode 图

修正后的等效电路见图 4-19。图中，R_s 为料液侧和反萃取侧的溶液电阻之和；R_m 为支撑液膜电阻；C_m 为支撑液膜双层电容；CPE 为电极界面的双电层电容。这是由于单纯扫描电极状态（采用中间不夹支撑液膜的相同迁移池，料液侧和反萃取侧皆为硫酸铜或者硫酸）时，得到 Nyquist 图为一条斜率大于 1 的斜线，说明不能用单纯的双电层电容来表征电极

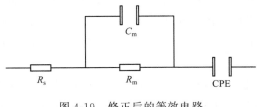

图 4-19　修正后的等效电路

界面。考虑到溶液/惰性电极的界面特性，选用常相位角元件 CPE 代替纯电容 C 来模拟本体系电极状态。CPE 是由离子的迁移及电极不平整接触所致，溶液内可迁移离子在电极表面形成一层电荷层，与电极上的电荷层形成"电荷双层"。受实验数据处理时的启发，在该文献研究中的支撑液膜传质过程主要是动力学控制，而扩散控制是次要的。因而，在等效电路中忽略 Warburg 扩散阻抗对本体系的影响。

根据修正等效电路模型对交流阻抗谱图进行拟合，得到图 4-20。而相应拟合的 C_m、R_m、R_s、CPE 值由自带拟合软件的电化学工作站给出。图 4-20 说明，等效电路模拟值不论是阻抗值还是相位角都和实验值吻合得比较好，显示这个等效电路 $[R_s(R_mC_m)Q]$ 能较好地表征支撑液膜，得到的支撑液膜电阻值和电容值能真实反映有机液膜液层的交流电特性。

图 4-21 显示，支撑液膜膜电阻（R_s）在初始约半小时内迅速下降，而后逐渐趋缓。这是因为在实验的开始阶段，吸附在支撑体表面或者临近料液-支撑液膜界面的有机液膜相液体与水相有较大的接触面积，在搅拌剪切力作用下容易离开支撑体表面而进入水相。而随着有机液膜相液体的流失，水填充部分膜孔隙。当搅拌产生的界面剪切作用逐渐将支撑体微孔中有机液膜相液体带走进入水相时，水继续推进填充支撑体微孔，膜电阻逐渐衰减。当支撑膜微孔中有机液膜相液体完全被料液中的水取代时，料液相和反萃取相贯通，膜电阻的数值下降到几乎为 0，所运行的时间即为膜的寿命。从上述实验结果来看，用交流阻抗法可较好地监测在不同时间支撑液膜的膜液流失，并且可以方便地用于研究不同实验条件对支撑液膜稳定性的影响。

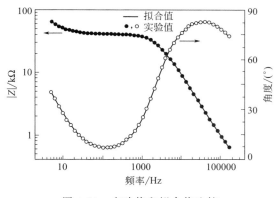

图 4-20　实验值和拟合值比较

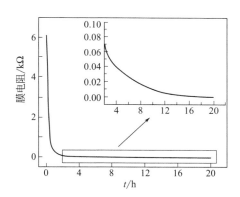

图 4-21　支撑液膜膜电阻与时间的关系

图 4-22 显示，随着液膜相液体的流失，传质通量下降。而膜电容则由于有机液膜相液体逐渐被水相所取代而逐渐增加，但迁移实验开始半小时，膜电容增长较快。这亦说明膜电容能很直观地反映出支撑液膜膜液的状态，电容值的变化如同膜电阻一样能直观地反映膜液流失的行为，与其他方法得到的结果是一致的。

文献 [55] 选择料液相为 500mg/L 的苯

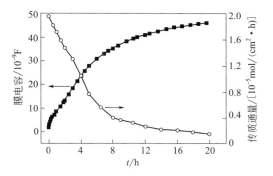

图 4-22　支撑液膜膜电容、传质通量与时间的关系

酚溶液，反萃取相为 0.1mol/L 的 NaOH 溶液，支撑液膜为 Celgard 2500 聚丙烯膜浸在含 $\varphi=6\%$ 载体（TBP）的油相液体中作为研究体系，选用德国 IM6 电化学工作站交流阻抗法来测定支撑液膜体系的动态膜电阻。当扫描频率范围为 0.1Hz～100kHz 时，可以得到在支撑液膜膜相流失过程中各个阶段的交流阻抗谱图，包括 Bode 图和 Nyquist 图，最终建立动态电阻监测膜相液体流失的方法。

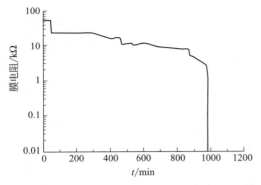

图 4-23　支撑液膜膜电阻和迁移时间的关系

通过动态电阻监测法，笔者用图 4-23 反映了实验体系中支撑液膜膜电阻和时间的关系。

从图 4-23 的实验结果看，苯酚迁移过程中支撑液膜电阻值不断变小说明了支撑液膜的不稳定性。随着液膜相液体的不断流失，支撑体微孔内膜相液体层不断变薄，电阻值不断下降。液膜相液体在初始阶段（实验开始的前 50min 内）的损失非常快，相应的膜电阻随时间几乎垂直下降，这是由于在实验开始时，吸附在支撑体表面上的液膜相液体很容易在搅拌下被水相溶液冲洗而离开支撑体表面。而在以后的迁移时间内，在微孔内的液膜相液体很容易因为界面的剪切作用而逐渐被带走，膜电阻也相应地随时间逐渐衰减。而当膜电阻值突然下降到几乎为 0，此时整个迁移池的电阻值就等于膜两侧水相液体的阻抗值，此时显示支撑体微孔中有机液体（膜溶液）已经完全流失而被水相溶液所取代，料液和反萃取液两侧完全通透，即支撑液膜已失效，所运行的时间即为膜的寿命（图中显示该支撑液膜的使用寿命是 900 多分钟）。从实验结果来看，用动态液膜电阻法可较好地监测支撑液膜的工作状态，反映出支撑体微孔中膜相液体的流失过程。

该实验结果还证明：苯酚浓度的改变对液膜相液体的流失没有影响；载体浓度越高，液膜相液体流失得越快，支撑液膜越不稳定，膜寿命也就越短。有兴趣的读者可参阅该文献。

4.6.2　表面膜电位的测量

膜电位值是反映膜特性的重要参数，有广泛应用的价值。而表面膜电位测量是研究单分子膜的重要实验方法。通过表面膜电位的测量，可以了解形成的界面膜是否坚实，是否均匀，也可以研究膜中化学反应的特性，从表面膜电位的数据中提取界面膜中蕴含的分子取向、分子排列的紧度、分子偶极矩等有关信息。尤其在自然界和生产中，界面现象是普遍存在的，而各种界面现象又都与界面膜的生成和膜的特性密切相连。特别有趣的是膜中发生的过程和生物体系有相似之处，因此表面膜电位的研究是极有意义的。

文献［57］采用振动电极法，研制成功 SEP-416 型表面膜电位测量仪并用于液膜溶胀现象的研究。多重乳状液膜的溶胀是乳状液与料液（第三相）接触过程中由于水的渗透而引起乳状液体积增大的现象。一般在乳状液膜的分离实验中，可观察到乳状液体积增大 $50\%\sim100\%$，在某些特定体系中乳状液体积增大达到 500%。广西大学化学系胶体化学研究室丁瑄才等人用自制表面膜电位测量仪测量了乳状液膜常用 6 种专用表面活性剂在水表面上形成单分子膜的表面膜电位，计算了表面活性剂分子在表面上紧密定向排列时每个分子所占的表面积（A）和分子偶极矩，实验结果见表 4-7。

表 4-7　表面活性剂参数比较

表面活性剂	Span-80	N_{205}	113A	ENJ_{3029}	LMS-2	EM301
表面膜电位/mV	230	210	200	290	80	80
$A/10^{-16}\ cm^2$	61.2	45.5	66.0	75	597	696
分子量	300	966	920	2150	5018	5000
偶极矩/mD	372	235	365	578	1251	4783
溶胀/%	500	250	500	300	30	30

由表 4-7 可知，分子表面积 A 值大、偶极矩值高的大分子表面活性剂制成的乳状液膜溶胀小，而 A 值小、偶极矩值低的小分子表面活性剂制成的乳状液膜溶胀严重。此结论在扩大液膜工业化应用中为合成液膜专用表面活性剂提供了依据。

在支撑液膜的研究中，由于所用载体是具有不同表面活性的萃取剂，因而也可进行液-液和液-气界面膜电位的测量。在实际研究中，溶质的表面浓度不易得到，而表面膜电位容易获取，将表面膜电位测量运用在支撑液膜的应用基础研究中，一定会获得对支撑液膜分离特性的深度认识。

4.6.3　液膜有机相流变性改性研究

文献指出，增加膜相黏度可提高乳状液膜的膜稳定性，但膜相黏度的增加也降低载体和待分离溶质形成的配合物在膜相的扩散速率，从而使膜的传质速率和分离效率下降。例如，膜相黏度增加 $10\sim20$ 倍，膜中分子扩散速率降低为黏度未增加前相应速率的 $1/20\sim$ $1/10$。H. P. Skelland Anthony 等认为[58]，以煤油、十二烷、环己烷等为膜溶剂的乳状液膜是 牛 顿 型 流 体 （Newtonian fluid），通 过 在 这 种 液 膜 有 机 相 添 加 少 量 聚 丁 二 烯 （polybutadiene，PBD）、聚 异 丁 烯 （polyisobutylene，PIB）或 其 他 少 量 高 分 子 物 质，就 可 将这种牛顿型流体转变为非牛顿型流体（non-newtonian fluid），达到既可提高液膜稳定性，又不降低液膜相中分子扩散速率的目的，有效克服牛顿型流体的液膜存在液膜稳定性与传质速率之间的矛盾。

以乳状液膜提取苯甲酸为例，该文献在质量浓度 $\rho=20g/L$ 表面活性剂 （Span-80）、Sotrol 220 作溶剂的有机相中添加 $\rho=5g/L$ 或 $10g/L$ 的聚异丁烯 （PIB），并用 $0.5mol/L$ NaOH 作内相解吸剂，在搅拌条件下制成非牛顿型流体乳状液膜，再通过适度搅拌使之分散在一定体积的 $500mg/L$ 苯甲酸的料液中。实验发现，添加上述低浓度聚异丁烯的非牛顿型流体乳状液膜的表观黏度提高了 5 倍，但传质速率未下降反而提高，萃取 4min 后，料液苯甲酸浓度比没有添加 PIB 的牛顿型流体乳状液膜 （其他实验条件和非牛顿型流体乳状液膜相同）降低了一个数量级，而用没有添加 PIB 的牛顿型流体乳状液膜去萃取料液中苯甲酸，实验发现，在液膜提取苯甲酸过程的第 3min 到第 20min，约有 60% 已从料液萃取进入乳状液膜内相 NaOH 溶液中的苯甲酸由于乳状液膜破裂以苯甲酸钠形式再进入料液相，考虑到液膜相中无载体，苯甲酸钠在料液中离解成苯甲酸根阴离子而不能再被萃取进入膜相，分离失败。

在支撑液膜的分离实验中，已注意到浸润支撑体微孔的液膜有机相黏度增加，有利于降低液膜有机相从微孔的流失。如果将牛顿型流体液膜有机相通过加入适量聚丁二烯、聚异丁烯或其他少量高分子物质，使之转变成非牛顿型流体液膜有机相后，再浸润支撑体微孔，由于非牛顿型流体液膜有机相的黏度增加，有望延长支撑液膜的工作寿命又不降低支撑液膜的传质速率。文献 [28] 在反萃分散组合液膜（SDHLM）有机相中未添加聚丁二烯、聚丁烯高分子物质，在迁移时间 $t=0$、3h、6h 分别取样液膜有机相，测定相应的切力（shear stress，N/m^2）和切速率（shear rate，s^{-1}），其数据用流变学中的指数公式[59]分析得表 4-8。

表 4-8 液膜有机相流变性质 [按本书式(2-88) $\tau=KD^n$ 定义]①

液膜相迁移时间/h	n	K	有无滞后环
$t=0$ 液膜相	1.56	0.0320	无
$t=3$ 液膜相	1.60	0.0394	无
$t=6$ 液膜相	1.55	0.0526	有
迁移 6h 的液膜相再反萃	1.70	0.0189	无

① 液膜相：100mL 0.0144mol/L PMBP，1.13×10^{-5}mol/L OT，$\rho=0.02$g/L 石蜡；反萃取相：20mL 3mol/L HCl；料液相：120mL 100mg/L Cu^{2+}，500mg/L Zn^{2+}，0.167mol/L Na_2SO_4。

表 4-8 证明，该反萃分散组合液膜有机相是非牛顿型流体，并具有胀性流体（dilatancy system）的特征（由于指数 $n>1$）和切稠性（shear thickening，液膜有机相黏度随切速的增加而增加）。文献 [28] 进一步提出，对该反萃分散组合液膜在迁移时间 $t=0$、3h、6h 分别取样液膜有机相，测定相应的切力和切速，并进行流变学中的滞后环分析（图 4-24），发现只有在 $t=6h$ 取样的液膜有机相的流变曲线中存在滞后环，而在 $t=0$、3h 取样的液膜有机相的流变曲线中不存在滞后环。如果用反萃取相对在 $t=6h$ 取样的液膜有机相进行反萃取，反萃取后的液膜有机相再进行滞后环分析，发现反萃取后的液膜有机相不存在滞后环。

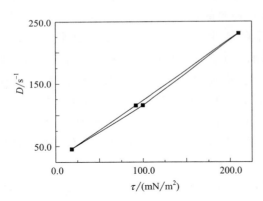

图 4-24 膜相切速率（D）和切力（τ）之间的关系

液膜相、料液相、反萃取相组成同表 4-8；对每一个剪切速率，样品剪切时间是 30s

滞后环的存在证明，该反萃分散组合液膜有机相体现了非牛顿型流体的触变性（thixotropy）特征，同时，也很好地说明了滞后环的产生与液膜有机相中载体和待分离的铜（Ⅱ）离子形成的配合物的浓度增加有密切关系。当这种配合物的浓度增加较大且在液膜相有积累时，液膜有机相中各组分的相互作用导致了组分之间相互的缠连，产生了网状结构，相当于在液膜有机相中添加了适量聚丁二烯、聚异丁烯高分子物质。液膜有机相的触变性突显了应用基础研究的难度和迫切性。文献 [28] 提示我们，对支撑液膜有机相在迁移过程中性质的变化要予以足够重视，而液膜有机相的流变性质的研究是深化认识支撑液膜不稳定性和分离效率的窗口之一。

4.6.4　液膜有机相水分含量的测定和液膜渗透溶胀

对液膜有机相取样后，可用 Karl-Fischer 标准方法测定有机相中的水分含量，具体操作可查阅分析化学手册或有关专著。若有机相中水分含量较低，可用水分测定仪测定。

支撑液膜有机相中无专用的液膜表面活性剂，在搅拌的条件下，例如，具有反萃分散的支撑液膜在膜反萃侧就有液膜有机相和反萃相的较强混合，而料液和液膜接触的界面也会出现扰动，如果搅拌时间较长，由于载体（萃取剂）具有不同的弱表面活性和极性，因而少量水与载体分子依靠分子间的弱相互作用结合溶于液膜有机相中，在热力学势的推动下发生迁移或者具有弱表面活性的载体包着水在液膜有机相中形成反胶束，因热力学势的推动到另一侧将水释放，然后反胶束按浓度差扩散回到原侧，如此不断反复，反胶束就像流动载体，促使水会不同程度地进入液膜有机相，造成液膜溶胀。丁瑄才利用图 4-25 的装置研究水进入液膜有机相引起渗透溶胀的规律[60,61]。

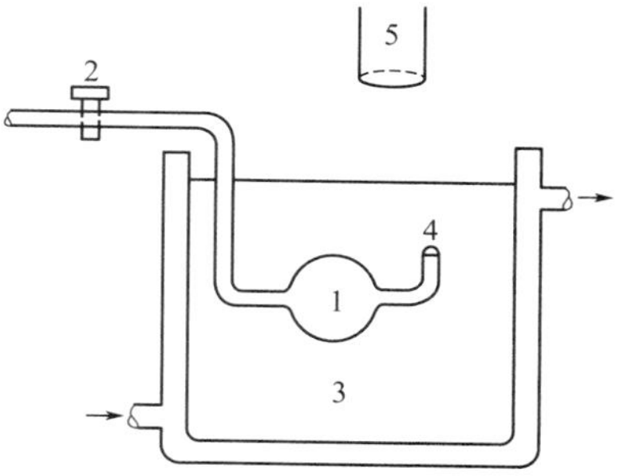

图 4-25　单滴法测量液膜溶胀的装置
1—小球；2—活塞；3—第三相；
4—液滴；5—显微镜

将液膜有机相或 W/O 乳液吸入如图 4-25 所示带有小球的毛细管中，使液膜有机相或 W/O 乳液充满至活塞处，然后将装置浸入盛有第三相（料液或反萃取相）的恒温装置中，恒温一定时间后将管尖口的液滴调至适当大小，关闭活塞，用显微镜观察液滴大小的变化，并测得液滴直径，计算液滴体积。用下式计算液滴变大的百分比：

$$\varepsilon = [(V_t/V_0) - 1] \times 100\% \tag{4-9}$$

式中，V_0 为开始时（$t=0$）液滴的体积；V_t 为时间 t 时液滴的体积。文献 [62] 对单滴法测量液膜溶胀的方法进行了讨论。

4.6.5　泡点法研究离子液体中空纤维支撑液膜稳定性

文献 [63] 用泡点法（bubble point method）测定离子液体从中空纤维支撑体微孔流失前的最大跨膜压差，所用离子液体为（C_6mim）（Tf_2N），中空纤维是 Matrimid® 和 Torlon® 聚合物。当操作压力增加时，发现离子液体中空纤维支撑液膜（hollow fiber supported ionic liquid membranes，HFSILMs）失效机理有三种表现类型：起泡点时，支撑体微孔内液膜液体的流失（liquid loss）；由中空纤维圆柱形压力引起的较高的环向应力产生的中空纤维裂纹致使离子液体中空纤维支撑液膜破坏（rupture）；中空纤维管外（shell side）的压力增加时引起的中空纤维管在某处的坍塌（collapse），即中空纤维管在某处的管道变扁、变窄。图 4-26（见文后彩图）显示了在中空纤维管内（bore side）增加压力时，中空纤维破裂，而图 4-27（见文后彩图）和图 4-28（见文后彩图）分别从中空纤维的纵截面和横截面显示了在中空纤维管外（shell side）增加压力时，中空纤维坍塌。图 4-27 离左端不远处，中空纤维坍塌明显。图 4-28 通过中空纤维管壁（fiber wall）在折叠点（folding point）的不连续显示了中空纤维坍塌最终导致中空纤维破裂。该文献作者发现，整根中空纤维不会出现处处中空纤维坍塌，仅在包含整根纤维横截面最弱处的某一小段（1～3cm）中出现中空纤维坍塌。在气体分离和富集中，起泡点法可以用来研究不同的跨膜压差对离子液体中空纤维支撑液膜稳定性的影响，这将用于实际工业应用中，达到长期保持最大操作压力而又不会削弱离子液体中空纤维支撑液膜对气体的迁移性质。

参 考 文 献

[1] 时钧，袁权，高从堦. 膜技术手册 [C]. 北京：化学工业出版社，2001.

[2] 王俊九，褚立强，范广宇，金美芳. 支撑液膜分离技术 [J]. 水处理技术，2001 (27)：187-191.

[3] 张卫东，李爱民，李雪梅，任钟旗. 液膜技术原理及中空纤维更新液膜 [J]. 现代化工，2005，25 (4)：66-68.

[4] 王彩玲，张立志. 支撑液膜稳定性研究进展 [J]. 化工进展. 2007，26 (7)：949-955.

[5] Josefina de Gyves. Eduardo Rodriguez de San Miguel. Metal Ion Separations by Supported Liquid Membranes [J]. Ind Eng Chem Res，1999 (38)：2182-2202.

[6] Kislik V S. 液膜：在化学分离和废水处理中的原理及应用 [M]. 北京：科学出版社，2010.

[7] Stefan Schlosser. Membrane Operations [M]. WILEY-VCH Verlag GmbH &CoKGaA，2009.

[8] Sastre A M，Kumar A，Shukla J P，et al. Improved techniques in liquid membrane separations：an overview [J]. Sep Puri Methods，1998，27 (2)：213-298.

[9] San Roman M F，Bringas E，Ibanez R，et al. Liquid membrane technology：fundamentals and review of its applications [J]. J Chem Technol Biotechnol，2010 (85)：2-10.

[10] Anil Kumar Pabby，Ana Maria sastre. State-of-the-art review on hollow fibre contactor technology and membrane-based extraction processes [J]. J Membra Sci，2013 (430)：263-303.

[11] Agreda D de，Garcia-Diaz I，Lopez F A，et al. Revista de metalurgia [J]. MARZO-ABRIL，2011，47 (2)：146-168.

[12] Dozol J F，Casas J，Sastre A. Stability of flat sheet supported liquid membranes in the transport of radionuclides from reprocessing concentrate solutions [J]. J Membra Sci，1993 (82)：237-246.

[13] Danesi P R. Separation of Metal Species by Supported Liquid Membranes [J]. Sep Sci Technol，1984-1985，19 (11&12)：857-894.

[14] Lamb J D，Bruening R，et al. Characterization of a supported liquid membrane for macrocycle-mediated selective cation transport [J]. J Membra Sci，1988 (37)：13-26.

[15] Neplenbroek A M，Bargeman D，Smolders C A. Supported liquid membranes：instability effects [J]. J Membra Sci，1992 (67)：121-132.

[16] Yang X J，Fane A G，Soldenhoff K. Comparison of liquid membrane processes for metal separations：permeability，stability，and selectivity [J]. Ind Eng Chem Res，2003，42 (2)：392-403.

[17] Danesi P R，Reichley-Yinger L，Rickert P G. Lifetime of supported liquid membranes：The influence of interfacial properties，chemical composition and water transport on the long-term stability of the membranes [J]. J Membra Sci，1987 (31)：117-145.

[18] Takeuchi H，Takashi K，Goto W. Some observations on the stability of supported liquid membranes [J]. J Membra Sci，1987 (34)：19-31.

[19] Neplenbroek A M，Bargeman D，Smolders C A. Mechanism of supported liquid membrane degradation：emulsion formation [J]. J Membra Sci，1992 (67)：133-148.

[20] Teramoto M A，Takeuchi N，Maki T U，et al. Ethylene/ethane separation by facilitated transport membrane accompanied by permeation of aqueous silver nitrate solution [J]. Separation Purification Technology，2002 (28)：117-124.

[21] 金美芳，Strathmann H. 复合支撑液膜 [J]. 水处理技术，2000，26 (1)：18-21.

[22] 高士强. 液膜支撑体表面亲水化改性研究 [D]. 天津：天津工业大学，2016.

[23] 罗小健，何鼎胜，马铭，等. N_{530}-OT-煤油-HCl反萃分散组合液膜体系迁移和分离铜的研究 [J]. 无机化学学报，2005，4：588-592.

[24] 刘新芳，何鼎胜，马铭，等. 三正辛胺-仲辛醇-煤油组合液膜分离镉锌的研究 [J]. 无机化学学报，2003，12：

1295-1300.

[25] Kislik V S, Eyal A M. Hybrid liquid membrane (HLM) and supported liquid membrane (SLM) based transport of titanium (Ⅳ) [J]. J Membra Sci, 1996 (111): 273-281.

[26] He Dingsheng, Gu Shuxiang, Ma Ming. Simultaneous removal and recovery of cadmium(Ⅱ) and CN⁻ from simulated electroplating rinse wastewater by a strip dispersion hybrid liquid membrane (SDHLM) containing double carrier [J]. J Membra Sci, 2007 (305): 36-47.

[27] Luo Xiaojian, He Dingsheng, Ma Ming. Simultaneous Transport and Separation of Cu(Ⅱ) and Zn(Ⅱ) in Cu-Zn-Co Sulfate Solution by Double Strip Dispersion Hybrid Liquid Membrane (SDHLM) [J]. Sepn Sci Technol, 2010 (45): 2130-2140.

[28] Gu Shuxiang, He Dingsheng, Ma Ming. Analysis of Extraction of Cu(Ⅱ) by Strip Dispersion Hybrid Liquid Membrane (SDHLM) using PMBP as Carrier [J]. Solvent Extraction and Ion Exchange, 2009 (27): 513-535.

[29] Gu Shuxiang, Yu Yuanda, He Dingsheng, Ma Ming. Comparison of transport and separation of Cd(Ⅱ) between strip dispersion hybrid liquid membrane (SDHLM) and supported liquid membrane (SLM) using tri-n-octylamine as carrier [J]. Sepn Purif Technol, 2006 (51): 277-284.

[30] He Dingsheng, Luo Xiaojian, Yang Chunming, et al. Study of transport and separation of Zn(Ⅱ) by a combined supported liquid membrane/strip dispersion process containing D_2EHPA in kerosene as the carrier [J]. Desalination, 2006 (194): 40-51.

[31] Ho S V, Sheridan P W, Krupetsky E. Supported polymeric liquid membranes for removing organics from aqueous solutions I. Transport characteristics of polyglycol liquid membranes [J]. J Membra Sci, 1996 (112): 13-27.

[32] 吴礼光, 沈江南, 陈欢林, 等. 固载促进传递膜的研究进展 [J]. 膜科学与技术, 2004, 24 (6): 51-55.

[33] Kim C K, Kim H S, Won J, et al. Density Functional Theory Studies on the Reaction Mechanisms of Silver Ions with Ethylene in Facilitated Transport Membranes: A Modeling Study [J]. J Phys Chem, 2001 (105): 9024-9028.

[34] 金美芳, 王俊九, 周谨, 等. 液晶化载体促进传递膜的研究 [J]. 膜科学与技术, 2003, 23 (3): 5-10.

[35] 周祖康, 顾惕人, 马季铭. 胶体化学基础 [J]. 北京: 北京大学出版社, 1987.

[36] Bromberg L, Levin G, Kedem O. Transport of metals through gelled supported liquid membranes containing carrier [J]. J Membra Sci, 1992 (71): 41-50.

[37] Neplenbroek A M, Bargeman D, Smolders C A. Supported liquid membrane: stabilization by gelation [J]. J Membra Sci, 1992 (67): 149-165.

[38] 刘一凡, 马玉林, 徐琴琴, 等. 支撑型离子液体膜的制备、表征及稳定性评价 [J]. 化学进展, 2013, 25: 1795-1804.

[39] 韩超. 咪唑类离子液体黏度的数据收集与 QSPR 研究 [D]. 北京: 北京化工大学, 2010.

[40] 银建中, 马玉玲, 徐刚, 等. CN102430345A. 2012.

[41] Hu Xudong, Tang Jianbin, Blasig Andre, et al. CO_2 permeability, diffusivity and solubility in polyethylene glycol-grafted polyionic membranes and their CO_2 selectivity relative to methane and nitrogen [J]. J Membra Sci, 2006 (281): 130-138.

[42] Jason E Bara, Evan S Hatakeyama, Douglas L Gin, et al. Improving CO_2 permeability in polymerized room-temperature ionic liquid gas separation membranes through the formation of a solid composite with a room-temperature ionic liquid [J]. Polym Advan Technol, 2008 (19): 1415-1420.

[43] Bret A Voss, Jason E Bara, Douglas L Gin, et al. Physically Gelled Ionic Liquids: Solid Membrane Materials with Liquidlike CO_2 Gas Transport [J]. Chem Mater, 2009 (21): 3027-3029.

[44] Olga C Vangeli, George E Romanos, Konstantinos G Beltsios, et al. Development and characterization of chemically stabilized ionic liquid membranes-Part I: Nanoporous ceramic supports [J]. J Membra Sci, 2010 (365): 366-377.

[45] 姚茹. 离子液体支撑液膜的制备及 CO_2 分离性能研究 [D]. 杭州: 浙江大学, 2011.

[46] Hernández-Fernández F J, de los Ríos A P, Tomás-Alonso F, et al. Preparation of supported ionic liquid membranes: Influence of the ionic liquid immobilization method on their operational stability [J]. J Membra Sci, 2009 (341): 172-177.

［47］ Misra B M，Gill J S. ACS Symposium Series ［M］. bk，1996，0642.

［48］ Zisman W A. Influence of constitution on adhesion ［J］. Ind Eng Chem，1993，55（10）：19-38.

［49］ Zha F F，Fane A G，Fell C J D，et al. Critical displacement pressure of a supported liquid membrane ［J］. J Membra Sci，1992（75）：69-80.

［50］ 易涛，严纯华，李标国，等. 平板夹心型支撑液膜萃取体系中 La^{3+} 的迁移行为 ［J］. 中国稀土学报，1995，13（3）：197-200.

［51］ Liu Xingfang，He Dingsheng，Ma Ming. Transfer and separation of Cd（Ⅱ）chloride species from Fe（Ⅲ）by a hybrid liquid membrane containing tri-n-octylamine-secondary octylalcohol-kerosene ［J］. Chemical Engineering Journal，2007（133）：265-272.

［52］ 杜启云，王利生，胡新萍. 几种新型的支撑液膜组件的结构型式 ［J］. 水处理技术，1995，21（5）：249-252.

［53］ 杜启云. 支撑液膜组件和有其构成的装置 ［P］. CN 95101298. 3. 1996-7-31.

［54］ Danesi P R，Rickert P G. Some observations on the performance of hollow-fiber supported liquid membranes for Co-Ni separations ［J］. Solvent Extraction & Ion Exchange，1986（4）：149-164.

［55］ 洪新艺. 支撑液膜分离过程传质与膜稳定性研究——含酚废水体系 ［D］. 福州：福州大学，2006.

［56］ 郑辉东，吴燕翔，薛杭燕，等. 用电化学阻抗谱法研究支撑液膜的不稳定性 ［J］. 膜科学与技术，2009（29）：76-79.

［57］ 龚福忠，丁瑄才. 表面膜电位测量仪及其应用 ［J］. 化学通报，1995（11）：45-49.

［58］ Skelland Anthony H P，Atlanta Ga. Stabilizing of liquid membranes for separation processes without sacrificing permeability by non-Newtonian conversion of the membrane ［P］. US 5229004，1993.

［59］ Park S W，Jung H I，Kim T Y，et al. Effect of rheological properties on mass transfer of Cr（Ⅵ）through a supported liquid membrane with non-Newtonian liquid ［J］. Sep Sci Technol，2004（39）：781-797.

［60］ 丁瑄才. 乳胶型液膜溶胀问题的研究 ［J］. 膜科学与技术，1988，8（4）：30-35.

［61］ Ding Xuancai，Xie Fuquan. Study of the swelling phenomena of liquid surfactant membranes ［J］. J Membra Sci，1991（59）：183-188.

［62］ 严忠，孙文东. 乳液液膜分离原理及应用 ［M］. 北京：化学工业出版社，2004.

［63］ Matthew Zeh，Shan Wickramanayake，David Hopkinson. Failure Mechanisms of Hollow Fiber Supported Ionic Liquid Membranes ［J］. Membranes，2016（6）：21-33.

第5章 萃取体系中的微乳液

5.1 引言

微乳液（micro-emulsion）是油、水在表面活性剂的作用下于一定条件自发形成的一种低黏度、各向同性的热力学稳定体系[1-6]。而表面活性剂是阴离子、阳离子和非离子型表面活性剂。有的体系，除表面活性剂外，还需添加助表面活性剂才能形成一种热力学稳定体系，助表面活性剂通常为中等碳链（$C_4 \sim C_8$）的直链醇。一般而言，在微乳液定义中的"油"通常是非极性溶剂，如烷烃或环烷烃。根据微乳液中"油"和"水"的体积比可以得到三种类型的微乳液：当油量少时为 O/W 型；当水量少时为 W/O 型；当体系中油量和水量相当时，微乳液结构复杂，称为油-水双连续型（bicontinue），又称微乳中相。在微乳中相结构中，水相和油相均为连续相，体系中任一部分水在形成水液滴被油连续相包围的同时，与其他部分的水液滴一起组成了水连续相，将介于水液滴之间的油包围。同样，体系中的油液滴也组成了油连续相，将介于油液滴之间的水包围，形

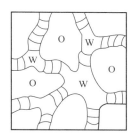

图 5-1　油-水双连续型结构

成具有 W/O、O/W 两种结构综合特性的油-水双连续型结构。图 5-1 显示了这种油-水双连续型结构。

微乳液和乳状液是互相联系又完全不同的液液分散体系，是介于一般乳状液和胶束溶液之间的分散体系。如果在通常的乳状液中增加表面活性剂的量，并加入适当助表面活性剂，就能使通常的乳状液转变为微乳液。在浓的胶束溶液中加入适量的油及助表面活性剂，也可使胶束溶液转变成微乳液。因而，可将微乳液视作是乳状液和胶束溶液之间相互过渡的产物。

萃取过程中如果操作条件控制不当，经常会遇到形成第三相的问题，即液液萃取体系会分成三相，两层有机相和一层水相。第三相的生成严重干扰萃取操作的顺利进行，造成较大的经济损失。从 20 世纪 60 年代起，便不断有第三相形成条件及如何防止第三相形成的研究报道。进入 20 世纪 80 年代以来，开始从界面化学的角度研究萃取过程第三相的形成，从理论和实验上逐步证实了萃取有机相中可形成 W/O 型微乳液，水相中可形成 O/W 型微乳液，而萃取体系中的第三相与微乳液的形成等其他因素有联系[7]。

5.2 微乳液的性质

微乳液由连续相、分散相及由表面活性剂和助表面活性剂组成的界面膜三相构成。在 O/W 型微乳液中，水是连续相，油是分散相。由于表面活性剂分子一端是亲油基（疏水部分），另一端是亲水基团，界面膜上表面活性剂与助表面活性剂的极性基团（亲水基）朝向水连续相（朝外），而亲油基朝内，构成胶团内核，形成胶团水溶液中的非极性微区，此胶团又称正胶团。在 W/O 型微乳液中，油是连续相，水是分散相，界面膜上表面活性剂与助表面活性剂的极性基团（亲水基）朝内，而亲油基朝外（油相）构成胶团内核（水核），此胶团又称反胶团。反胶团是溶解在有机溶剂中的表面活性剂的浓度超过临界胶团浓度（critical micelle concentration，CMC）后形成的，当胶团颗粒直径小于 10^{-6} cm 时，称为反胶团，当颗粒直径介于 $10^{-6} \sim 10^{-5}$ cm 时，称为 W/O 型微乳液。

（1）大小和形状 乳状液、微乳液和胶团溶液的大小和形状比较见表 5-1。微乳液中分散相尺寸小带来的特性是有极大的界面面积，因而赋予微乳液极好的界面功能，这包括吸附功能、传质功能和传热功能。

表 5-1 乳状液、微乳液和胶团溶液的大小和形状比较

项目	乳状液	微乳液	胶团溶液
颗粒大小	$>10^{-4}$ cm,大小不均匀	介于 $10^{-6} \sim 10^{-5}$ cm,大小均匀	$<10^{-6}$ cm
颗粒形状	一般为球形	球形	各种形状

（2）光学性质 微乳液的最明显的特点是虽然含有相当大量的不相混溶的液体，却能显示透明或半透明外观，具有高分散系统的光学性质，有散射乳光。

（3）极低的界面张力（界面张力 $\gamma < 10^{-2}$ mN/m） 热力学稳定的微乳液的油/水界面张力和热力学不稳定的乳状液的油/水界面张力之间的临界数值通常为 10^{-2} mN/m。界面张力 $\gamma < 10^{-2}$ mN/m，微乳液可自发形成；界面张力 $\gamma > 10^{-2}$ mN/m，则形成乳状液。

微乳液可以与过量油相或水相形成界面，微乳中相可以既与水相又与油相形成界面。因而微乳液的体系可能有三种相组成情况，即 Winsor Ⅰ型、Ⅱ型和Ⅲ型。图 5-2(a) 显示了微乳液体系三种相组成。Winsor Ⅰ型由水包油微乳液（O/W，下相）和不含表面活性剂聚集体的油相构成，表面活性剂主要存在于下相。Winsor Ⅱ型体系是油包水型微乳液（W/O，

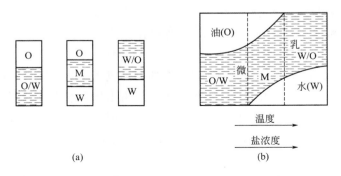

(a)   （b）

图 5-2 油、水、表面活性剂体系可能出现的相组成（a）和相体积随温度或盐浓度的变化（b）

上相）和不含表面活性剂聚集体的水相构成。Winsor Ⅲ型则是双连续相微乳液和不含表面活性剂聚集体的油相、水相构成的三相平衡体系。微乳液的相体积随盐浓度的变化如图 5-2(b) 所示。例如，微乳液随盐浓度增加时，可由微乳液（下相）、油两相系统，转变为油、微乳液（中相）、水三相系统，再转变为微乳液（上相）、水两相系统。表 5-2 表示，在油、水、表面活性剂、助表面活性剂的组分、含量一定的条件下，盐浓度较低时，下相为 O/W 型微乳液，上相为油相。随盐浓度的增加，系统的下部出现水相，形成中相微乳液，上部仍为油相。盐浓度增至一定之后，上层的油相消失，形成上相的 W/O 型微乳液。

表 5-2　各因素变化对微乳液相态变化的影响[4]

表面活性剂种类	温度增加	盐浓度增加	表面活性剂的烷基摩尔质量增加
非离子型	下相→中相→上相	下相→中相→上相	影响不大
石油磺酸盐	上相→中相→下相	下相→中相→上相	下相→中相→上相
合成磺酸盐	上相→中相→下相	下相→中相→上相	上相→中相→下相

5.3　萃取体系中的微乳液研究

5.3.1　有机磷酸酯萃取体系

有机磷酸酯是一类在湿法冶金和液膜中常用的提取、分离、纯化有色金属和稀土的萃取剂。通常要先把这类萃取剂皂化，然后才能有效地萃取金属离子。吴瑾光等[8-15]选择 D_2EHPA〔二（2-乙基己基）磷酸酯〕（1mol/L）-仲辛醇（体积分数 $\varphi=15\%$）-煤油、D_2EHPA（1mol/L）-TBP（$\varphi=15\%$，磷酸三丁酯）-煤油、DMHPA〔二（1-甲基庚基）磷酸〕（1mol/L）-仲辛醇（$\varphi=15\%$）-煤油、EHPAEH（2-乙基己基磷酸单 2-乙基己基酯）（1mol/L）-仲辛醇（$\varphi=15\%$）-煤油溶液用一定浓度的氨水和 NaOH 溶液进行皂化，发现并证实上述有机磷酸酯萃取体系在皂化时，在有机相生成了 W/O 型微乳状液体系，水滴直径约为 $10^{-6}\sim10^{-5}$cm，已皂化的较高浓度的 D_2EHPA、DMHPA、EHPAEH 钠盐（或铵盐）与仲辛醇（或 TBP）分别起着主表面活性剂与助表面活性剂的作用。萃取稀土离子和二价离子的反应发生在微乳液的油水界面上，稀土离子和二价离子与上述已皂化的有机磷酸酯的 Na^+（或 NH_4^+）进行离子交换反应，生成稳定的有机磷酸酯螯合物溶于油相，此螯合物不再具有离子缔合性质，也不具备表面活性剂的结构，因而引起有机相中微乳液破乳，同时伴随着微乳液中的水分释出返回水相。文献的作者还发现，上述有机磷酸酯有机相无论是用 NaOH 还是氨水皂化，皂化有机相的电导率约升高几倍到近百倍，这一明显的升高表明有机磷酸酯的钠盐或铵盐在有机相是以离子缔合型存在的。同时他们还发现助表面活性剂不仅是长链醇，而且具有一定碳链长度的三烷基磷酸酯如 TBP 也有这种助表面活性剂作用，甚至还发现异丙醇这样的短链醇与 D_2EHPA 也能生成微乳状液。但是异丙醇与环烷酸则不能生成微乳状液，似乎表明 D_2EHPA 等酸性磷酸酯类比环烷酸更易于生成微乳状液。

吴瑾光等[10-12]已经证明皂化的酸性磷酸酯类萃取剂体系能形成 W/O 型微乳液，萃取稀土后有机相发生破乳现象，皂化的萃取剂不但溶于有机相，在水相中也有一定的溶解度，那么当含有这种萃取剂的有机相与水相接触时，萃取剂会不会从有机相部分地转移至水相，在水相中又是以何种形式存在的？这种萃取剂的水相转移是否会引起有机溶剂的流失？文献

以 D_2EHPA［二(2-乙基己基)磷酸酯，单体为一元酸，以 HA 表示］为例，研究了皂化的 D_2EHPA-正庚烷体系与二次蒸馏水及无机盐（NaCl、Na_2SO_4、$NaNO_3$）水溶液平衡后皂化的 D_2EHPA 在水相的聚集状态，探索这类萃取剂流失的原因。该文献作者用激光光散射仪和红外光谱检测已皂化 D_2EHPA 的钠盐（NaA）水溶液中有聚集体存在，颗粒直径 4.78nm，属于胶团的尺寸范围。形成胶团的表面活性剂是皂化 D_2EHPA 的阴离子 A^-，A^- 中的疏水链起助表面活性剂的作用，而溶于水相的有机溶剂正庚烷增溶在胶团的非极性核内。该文献显示，萃取剂 D_2EHPA 皂化度为 50％和 100％时，水相中胶团粒径较小，而皂化度为 75％时，水相中形成的较大颗粒达到了 O/W 型微乳液的粒径（10～200nm）。最后，该文献作者得出的结论是，皂化的萃取剂 D_2EHPA 从有机相流失的主要原因是该萃取剂在水相形成胶团和 O/W 型微乳液，这两种聚集体的非极性核内可增溶有机溶剂，水相中强电解质的存在能破坏水相聚集体的形成。

5.3.2　环烷酸萃取体系

文献［16-18］选择了环烷酸-仲辛醇-煤油萃取体系，从研究水在萃取过程中存在的状态出发，测定了萃取前后有机相中水的改变，探讨了水在萃取过程中的作用机理。结果发现用一定浓度 KOH、NaOH、LiOH 或氨水皂化环烷酸-仲辛醇-煤油有机相后，有机相含水量可从 5％增至 20％（对于 KOH、NaOH、LiOH）或 50％（对于氨水），而外观始终保持清亮透明。这一清亮透明的有机相不可能是水溶于有机相的真溶液，而是一个水分散在有机相中的微乳液体系，皂化有机相中存在的水，是以自由水滴形式分散在油相中的。形成这种微乳液的表面活性剂是离子缔合型的表面活性剂——环烷酸盐（MA，$M = K^+$、Na^+、Li^+、NH_4^+，A^- 是环烷酸羧基上的 H 电离后剩余的阴离子），助表面活性剂是仲辛醇，如以异丙醇代替高碳醇，则在氨化过程中就分成两相，不能生成微乳状液。该文献的作者还发现微乳液中的含水量通常与平衡水相的碱浓度成反比关系，以此可以控制油相中的水含量。

根据化学热力学的原理，皂化萃取剂在与金属离子的水溶液萃取平衡时，完成离子交换，以氨水皂化环烷酸-仲辛醇-煤油有机相为例，生成的离子缔合型的环烷酸铵盐（$RCOONH_4$）在萃取平衡完成与稀土离子交换后生成螯合物 $(RCOO)_3M$（M 是稀土离子），离子型表面活性剂 $RCOONH_4$ 消失，而螯合物 $(RCOO)_3M$ 无表面活性，导致微乳液的破乳，使微乳液中水滴所含大量水从有机相析出，返回水相。

传统的微乳液体系大多是用配溶液或滴加的方法来配制。通过上述的萃取平衡可以很方便地得到微乳液。另外，根据萃取剂结构与表面活性剂结构的相似性，从萃取过程的特点来探讨微乳液的生成，可使我们获得更多的微乳液体系。

5.3.3　胺类萃取体系

胺类萃取剂是湿化冶金中广泛使用的一类萃取剂。有关胺类萃取剂萃取金属离子的报道很多，但在萃取过程中有机相含水量的变化规律及对萃取效率和萃取机理的影响却很少有人注意。胺类萃取剂酸化后生成胺盐，它具有阳离子表面活性剂的结构与性质。因而胺盐有很强的表面活性，它们在非极性溶剂中不是以简单的单分子状态存在，而是能形成反向胶束，当水和高碳醇（助表面活性剂）存在时，能进一步形成微乳液。

文献［19］以胺盐为萃取剂，考虑有机相中聚集形成反向胶束或微乳液（传统的胺盐萃取机理分析不考虑反向胶束或微乳液的形成），将胺盐整个萃取过程分为三步：

（1）胺盐在有机相中聚集成反向胶束或微乳液（N 代表胺盐分子，n 为聚集数，为简化，略去离子电荷）：

$$n\,N_{(b)} \Longleftrightarrow N_{n(p)}$$

$$K_m = [N_{n(p)}]/[N_{(b)}]^n \tag{5-1}$$

式中，b 代表有机体相（bulk organic phase）；p 代表反向胶束准相；K_m 为聚集平衡常数。

（2）M^{z+} 与 N 反应生成萃合物：

$$M + y\,N_{(b)} \Longleftrightarrow MN_{y(b)}$$

$$K_c = [MN_{y(b)}]/[M][N_{(b)}]^y \tag{5-2}$$

式中，K_c 为萃合平衡常数。

（3）萃合物溶于反向胶束准相中：

$$MN_{y(b)} + (y/n)N_{n(p)} \Longleftrightarrow MN_{y(p)} + y\,N_{(b)}$$

$$K_s = [MN_{y(p)}][N_{(b)}]^y/[MN_{y(b)}][N_{n(p)}]^{(y/n)} \tag{5-3}$$

式中，K_s 为平衡常数。金属离子在两相（两相等体积萃取）间的分配比为：

$$D = [M]_o/[M] = ([MN_y]_b V_b + [MN_y]_p V_p)/V_o)/[M] \tag{5-4}$$

式中，V_o 为有机相总体积；V_b、V_p 分别为有机体相和反向胶束准相的体积。为了简化，水相中未考虑金属离子的配位作用，这不影响最后的结论。

讨论式(5-4)：

① 如果不形成胶束，则 $K_m = 0$，$K_s = 0$，$V_b = V_o$，式(5-4) 不含第二项，简化为：

$$D = [M]_o/[M] = [MN_y]_b = K_c[N]_b^y = K_c[N]_o^y \tag{5-5}$$

式中，$[N]_o$ 为有机相中自由萃取剂浓度；y 可用斜率法求出。

② 当有反向胶束形成时，反向胶束与萃合物的作用很强，即 $K_c \ll K_s$，式(5-4) 第一部分忽略后成为：

$$D = [MN_y]_p V_p/V_o/[M] = K_c K_s (V_p/V_o)[N_n]_p^{y/n} \tag{5-6}$$

可以近似认为 $V_p = V_m C_s V_o$，$[N_n]_p = (1/n)V_m$，V_m 为胺萃取剂的摩尔体积，C_s 为形成反向胶束的胺盐相对整个有机相的浓度（又称表观浓度）。在一定的条件下，式(5-6) 成为：

$$D = KC_s \tag{5-7}$$

$$\lg D = \lg K + \lg C_s \tag{5-8}$$

上式中 K 代表常数项，一般可忽略萃取剂和萃合物在水相中的溶解，考虑萃取剂的物料平衡，有：

$$[N]_o = C_s + [N]_b + [MN_y]_b \tag{5-9}$$

当 $M \ll [N]_o$，$K_c \ll K_s$ 时，$[MN_y]_b \ll C_s$，又因 $[N]_b \approx CMC$（临界胶束浓度，一般约为 10^{-4} mol/L），所以式(5-9) 可转变成如下关系：

$$C_s \approx [N]_o \tag{5-10}$$

依据式(5-8)，以 $\lg D$ 对 $\lg C_s$ 或 $\lg[N]_o$ 作图，斜率为 1。

如果形成反向胶束，但它与萃合物的作用很弱，则有 $K_c \gg K_s$，式(5-4) 第二部分忽略后简化为：

$$D = K_c[N]_b^y (V_b/V_o) \tag{5-11}$$

运用 $V_p = V_m C_s V_o$ 和 $V_b + V_p = V_o$，则式（5-11）可简化为：

$$D = K_c [N]_b^y (1 - V_m C_s) \qquad (5\text{-}12)$$

以 $\lg D$ 对 $\lg [N]_b$ 作图，直线的斜率在 $1 \sim y$ 之间变化。

文献［19-21］选择月桂胺、二正辛胺、季铵盐 N_{263} 作萃取剂，用上述机理分别研究它们在硫酸溶液中萃取六价铀的分配比和萃取剂浓度的关系，得出了胺类萃取剂（酸化）在有机相中形成反向胶束和微乳液（W/O 型）的倾向与水相中酸和盐的种类与浓度以及有机相中胺的浓度、添加剂和稀释剂类型等密切相关。同时，该文献证实，酸化的胺类萃取剂萃取时，伴有大量水进入有机相，而且水的存在能增加萃合物在有机相中的溶解性，这都可用有机相中酸化胺类萃取剂形成反向胶束和微乳液进行萃取的机理来解释胺类萃取过程中至今尚未得到满意解释的若干现象。当有机相中稀土含量未达到饱和时，都含有一定量的水，但随有机相中稀土含量的升高，电导率和含水量有规律地下降。有机相达到饱和萃取时，水的含量低于检验极限（<0.02%），电导率也接近纯萃取剂的电导率。这些结果显示，含酸化胺类萃取剂的有机相萃取稀土后，有机相中的微乳液被破坏，水返回到水相中，当达到饱和萃取后，有机相中的微乳液全部破乳，水全部返回水相。

文献［22］用盐酸酸化三正辛胺-仲辛醇-煤油体系后，用电导滴定、煤油稀释、二甲酚橙检验、丁铎尔效应、红外光谱证实形成了 W/O 型三正辛胺-仲辛醇-煤油-HCl-H_2O 微乳体系，测定了该微乳体系的电导、黏度、折射率、密度以及不同浓度的三正辛胺煤油溶液和纯水、0.1mol/L HCl 之间的界面张力，考察了温度对含有不同含水量的微乳液电导率的影响。最后，实验证实这种微乳液能有效萃取料液中 Cd(Ⅱ)，获得了最佳迁移实验条件。

5.3.4　中性磷氧萃取剂体系

磷酸三丁酯（TBP）等中性磷氧萃取剂是一类重要的中性萃取剂，其分子中的 3 个烷氧基具有疏水作用，而 P═O 基团表现出亲水作用。因而 TBP 等中性磷氧萃取剂是两亲分子，符合表面活性剂的特性，是一类非离子型表面活性剂。红外光谱、核磁共振、量热法等实验技术证明，中性磷氧萃取剂具有自缔合性质，而自缔合起源于 P═O 基团的偶极作用。

如果从界面化学的角度认识中性磷氧萃取剂的萃取特性，中性磷氧萃取剂是否和有机磷酸酯、胺、环烷酸萃取剂一样，在萃取目标物时，同样在有机相形成反相胶束和微乳液？如果能形成，又体现什么形成规律？

文献［23］以 TBP（磷酸三丁酯）、P_{205}（甲基膦酸二异戊酯）、P_{350}（甲基膦酸二甲庚酯）和 TRPO（三烷基氧膦）的正庚烷溶液萃取不同浓度的 HNO_3、HCl、H_2SO_4、$HClO_4$，结果发现，上述四种中性磷氧萃取剂萃取 HNO_3 体系不生成微乳液，而萃取 HCl、H_2SO_4、$HClO_4$ 体系中，其含酸有机相形成了微乳液。中性磷氧类萃取剂的结构不同，对生成微乳液有影响，分子中含两个长的烃链比含三个长的烃链分子易生成微乳液。

5.4　微乳液研究中的有关实验技术

5.4.1　丁铎尔效应

当在暗室用一束强光射过微乳状液时，在光的垂直方向上可观察到明显的光径，光线愈强，光的路程也就愈清楚，这就是丁铎尔（tyndall）效应[5]。丁铎尔效应是胶体粒子对光产生散射作用的宏观表现，是区别胶体溶液与小分子真溶液的最简单的方法之一。

5.4.2　二甲酚橙检验

二甲酚橙（xylenol orange）是一水溶性指示剂。在酸性溶液中它显黄色，在碱性溶液中为稳定的玫瑰红色。它不溶于三正辛胺（TNOA)-仲辛醇-煤油溶液中，但却溶于三正辛胺（TNOA)-仲辛醇-煤油-HCl-H_2O 微乳液中，使整个有机相均匀地显示黄色，其实质是二甲酚橙溶解在该微乳液中的水滴内，如果再将煤油加在三正辛胺（TNOA)-仲辛醇-煤油-HCl-H_2O 微乳液中，观察到整体透明的一个有机相，这证明这个有机相的分散介质是煤油，此有机相是 W/O 型微乳液[22]。二甲酚橙也不溶于二(2-乙基己基)磷酸（1mol/L)-仲辛醇（体积分数 $\varphi=15\%$)-煤油体系中，但却明显地溶于用氨水或 NaOH 溶液皂化的二(2-乙基己基)磷酸（1mol/L)-仲辛醇（体积分数 $\varphi=15\%$)-煤油体系中，整个透明有机相呈现鲜艳的玫瑰红色，这表明二甲酚橙是溶在皂化萃取剂形成的微乳液的水滴之中[9]，但用 1600 倍显微镜观察此紫色的皂化有机相，未能观察到分散的水滴，该显微镜的分辨率约为 2×10^{-5} cm，说明水滴的直径小于 2×10^{-5}cm。文献 [16] 报道，对油包水型微乳液，其中分散液滴的直径小于可见光平均波长 560nm 的 1/4，那么可见光就能绕过液滴前进而不被反射，使微乳液的外观清亮透明。这证明皂化的二(2-乙基己基)磷酸（1mol/L)-仲辛醇（体积分数 $\varphi=15\%$)-煤油体系中形成的微乳液是 W/O 型[9]。

5.4.3　电导滴定

文献 [16] 用 10mol/L 氨水滴定 10mL 0.81mol/L 环烷酸-仲辛醇（体积分数 $\varphi=$18\%)-煤油溶液，并作电导率（μs/cm)-滴加氨水体积（mL）电导滴定曲线图。在等电点一半之前加入氨水时，溶液变浑浊；过等电点的一半之后，电导率开始升高。当继续滴加氨水，直到加入了 5.5mL，含萃取剂的有机相仍呈现外观清亮透明的一相，且电导率基本不变。从加氨水而有机相由浑浊瞬间呈清亮透明开始，到浓氨水加入量达到 5.5mL，此时电导率变化在电导-滴加氨水体积关系的滴定曲线图中呈现一个平台。当浓氨水加入量超过 5.5mL 以后，有机相开始出现浑浊并析出水相，电导率又上升。在加氨水过程中，含萃取剂的有机相黏度的变化与电导曲线很相似。这些现象表明，用浓氨水皂化环烷酸萃取剂的过程与一般的电导滴定过程不同，氨水在有机相中不是简单的真溶液分散，而是在有机相中形成了一个特殊的微乳液体系。因而，在探索微乳液的形成条件时，电导滴定是一个常用的实验方法。

5.4.4　溶水量和最大溶水量的测定

水在 W/O 型微乳液中的增溶是 W/O 型微乳液的一个重要性质。溶水量的大小影响 W/O 型微乳液的物理化学参数和应用，因而测定 W/O 型微乳液的溶水量和最大溶水量极有意义。以 D_2EHPA [二(2-乙基己基)磷酸酯]（1mol/L)-仲辛醇（体积分数 $\varphi=15\%$)-煤油为例。首先制备微乳液样品。在对上述体系电导滴定（皂化）的基础上，按预定的 $n_{NaOH}:n_{HA}$ 比例取一定体积上述有机相，称重，加入一定体积、浓度已知的 NaOH 溶液（D_2EHPA 的单体用 HA 表示，n 是物质的量），搅拌即可制得清亮透明的 W/O 型微乳液，称重。如果要制取双连续结构微乳液（记为 IZ），不同的是当加入的 NaOH 达到预定 $n_{NaOH}：n_{HA}$ 值后，搅拌，还要静置或离心，分离出煤油相并测量其体积，重新计算（HA＋NaA）在体系中的含量。在皂化过程中由 NaOH 水溶液带入微乳液中的水量，根据加入 NaOH 溶液的体积和浓度等数据，用差减法计算，记为 W_1。在搅拌下，用微量注射器对上述微乳液（已称重）加入一定量的水，若体系清亮透明，再称重，加水后微乳液的总质量为 W_0，用差减法计算加入的水量，记为 W_2，定义溶水量 ϕ 为[24,25]：

$$\phi = [(W_1 + W_2)/W_0] \times 100\% \tag{5-13}$$

上述加水操作重复进行到体系刚好变浑浊时，为加溶终点，定义加溶终点时体系中的总溶水量为微乳液的最大溶水量（以 ϕ_m 表示）。

5.4.5　相区变化的观测

以 D_2EHPA［二(2-乙基己基)磷酸酯］（1mol/L）-仲辛醇（体积分数 $\varphi = 15\%$）-煤油为例。在一系列具塞的刻度试管中分别加入 10.0mL 上述有机相（每份含 10mmol D_2EHPA），再分别加入浓度一定、体积不同的 NaOH（或氨水等）溶液，以维持 n_{NaOH}/n_{HA} 的值从 0 逐渐增大（可大于 1.0），在空气恒温箱中振荡上述刻度试管 15min，继续在恒温箱中静置 24h 或 48h，观察各相分层并从刻度试管读取各相体积（mL）。相区变化可用图表示[8,24]。

5.4.6　微乳液的量热滴定和光谱研究

文献［9-11］用红外光谱系统研究了皂化的 D_2EHPA-正庚烷体系萃取 14 种稀土离子后有机相的红外光谱，发现对同一种稀土离子来说，随着有机相中稀土离子含量的增加，有机相微乳液中 H_2O 的含量减小，萃取过程伴随有破乳发生。

文献［26］用量热滴定法研究皂化 P_{507}(2-乙基己基膦酸单-2-乙基己基酯) 萃取有机相中反向胶束的形成和滴水过程中微乳液的形成，求得临界胶束浓度、胶束形成常数 K、聚集数 n 以及热力学函数，并用激光动态光散射仪测定胶团和微乳颗粒的流体力学半径。

光散射研究是证实微乳液生成最有效的手段。文献［23］对中性磷氧萃取剂的正庚烷体系萃取无机酸得到的有机相用激光动态光散射仪进行光散射测定，证实用该体系萃取高浓度范围的 HCl、H_2SO_4、$HClO_4$ 时能够生成微乳液，并测定了相应有机相中对应的胶团半径。

微乳液研究涉及的实验技术较多，上述仅是一些最常用实验手段的部分介绍，欲了解更多的详情，可查阅相关文献。

5.5　与支撑液膜有关的微乳液体系研究

支撑液膜体系用萃取剂作载体，其中酸性萃取剂（已皂化）、胺类萃取剂（已酸化）和中性萃取剂相当于阴离子型、阳离子型及非离子型表面活性剂，它们有强度不同的表面活性。而不皂化的酸性萃取剂和不酸化的胺类萃取剂不具备表面活性或表面活性极弱。在支撑液膜有机相中起助表面活性剂作用的成分有两类：一类是在为提取料液特定溶质的支撑液膜有机相中添加增强膜稳定性的仲辛醇（例如在含胺类萃取剂的有机相）之类的膜添加剂；另一类是载体已萃取某一溶质（例如金属离子）形成的配合物（无表面活性或有极弱表面活性）少量积累在膜相，而大量的这种配合物在支撑液膜-反萃取相界面被反萃取解络后释放出的载体分子在返回至料液-支撑液膜界面和料液中的 H^+ 再反应前（再酸化）是不具备表面活性或具备极弱表面活性的中性载体分子。这无疑具备了在有机相形成微乳液和反胶团的最现实的条件（表面活性剂和助表面活性剂）。按照前面介绍，已皂化的酸性萃取剂、已酸化的胺类萃取剂和中性萃取剂在有机相中可形成反胶团和 W/O 型微乳液，在水相形成正胶团和 O/W 型微乳液。一方面，如果在水相中形成的胶团浓度较大，这说明已皂化的酸性萃取剂、已酸化的胺类萃取剂和中性萃取剂从有机相较容易转移溶解在水相中，同时有机溶剂也较易增溶在水相胶团的非极性区内。这说明有机溶剂和萃取剂在水相的溶解与萃取剂在水相形成的复杂聚集体（胶团或 O/W 型微乳液）密切相关，这将缩短支撑液膜体系的工作寿命。另一方面，微乳液是热力学稳定体系，其内相微滴不会因微滴聚结而导致膜泄漏，而且微乳液的界面张力低，可使内相微滴直径更细小，导致单位体积接触面积增大而有利于传质加快。根据这两方面的分析，很有必要开展与支撑液膜分离体系有关的微乳液的应用基础研究。这种研究至少包括两个方面的工作：

（1）对确定的支撑液膜体系，探索所用萃取剂和膜添加剂在有机相形成反胶团和 W/O 型微乳液，而在水相形成正胶团和 O/W 型微乳液的条件，考察这些微乳液的组成、结构、性质对液膜有机相含水量变化规律和液膜有机溶剂在 O/W 型微乳液中增溶的影响，深化认识支撑液膜分离体系中影响萃取剂和有机溶剂从膜相流失进入水相的各种因素。

（2）考察有机相中反胶团和 W/O 型微乳液对支撑液膜体系传质、双界面反应动力学、液膜有机相流变性的影响，全面认识支撑液膜稳定性。这对延长支撑液膜工作寿命是极有意义的。

参 考 文 献

[1] 戴猷元，王运东，王玉军，等 . 膜萃取技术基础 [M]. 北京：化学工业出版社，2008.

[2] 朱珖瑶，赵振国 . 界面化学基础 [M]. 北京：化学工业出版社，1996.

[3] 严忠，孙文东 . 乳液液膜分离原理及应用 [M]. 北京：化学工业出版社，2005.

[4] 胡英 . 物理化学参考 [M]. 北京：高等教育出版社，2003.

[5] 陈宗淇，戴闽光 . 胶体化学 [M]. 北京：高等教育出版社，1984.

[6] 李干佐，郭荣，等 . 微乳液理论及应用 [M]. 北京：石油工业出版社，1995.

[7] 傅涧，胡正水，王德宝，等 . 萃取体系第三相的生成、微观结构与应用研究——三相萃取体系研究进展 [J]. 化学通报，2000，4：13-17.

[8] 吴瑾光，高宏成，陈滇，等 . 二-(2-乙基己基) 磷酸萃取剂皂化过程中微乳状液的形成条件与相区变化 [J]. 化学学报，1982，40 (1)：13-22.

[9] 吴瑾光，陈滇，高宏成，等 . 酸性磷萃取剂在皂化过程中的结构变化与萃合物的组成 [J]. 高等学校化学学报，1980，1 (2)：14-22.

[10] 王笃金，吴瑾光，李彦，等 . 萃取剂流失机理的研究—— I . 皂化酸性有机磷酸酯类萃取剂从有机相向水相的转移及其在水相的聚集状态 [J]. 中国科学 (B 辑)，1995，25 (5)：449-453.

[11] 吴瑾光，施鼎，高宏成，等 . 萃取剂阴离子水化过程的富里埃变换红外光谱研究：2-乙基己基膦酸单-2-乙基己基酯钠盐-仲辛醇-煤油-水体系 [J]. 中国科学 (B 辑)，1983 (12)：1071-1079.

[12] 吴瑾光，高宏成，陈滇，等 . 离子水化过程的核磁共振研究 [J]. 高等学校化学学报，1983，4 (5)：605-609.

[13] 许振华，翁诗甫，郭海，等 . 萃取剂阴离子水化作用的 FT-IR 光谱研究——有机磷酸萃取剂钠盐-仲辛醇-煤油-水体系 [J]. 北京大学学报：自然科学版，1983 (1)：45-56.

[14] 李泉，李彦，李维红，等 . 水/NaDEHP/正庚烷微乳体系中水结构的 FT-IR 研究 [J]. 北京大学学报：自然科学版，1997，33 (4)：409-415.

[15] 姚淑心，王笃金，翁诗甫，等．皂化酸性磷酸酯萃取稀土离子过程中有机相的 FTIR 光谱表征 [J]．高等学校化学学报，1995，16（11）：1664-1668．

[16] 吴瑾光，高宏成，陈滇，等．萃取剂有机相中微乳状液的形成及其对萃取机理的影响 [J]．中国科学，1981（1）：52-60．

[17] 吴瑾光，高宏成，金天柱，等．萃取有机相的 FT-IR 研究环烷酸皂萃取稀土体系 [J]．北京大学学报：自然科学版，1985（4）：1-7．

[18] 吴瑾光，黎乐民，高宏成，等．离子水化过程的核磁共振研究-环烷酸皂-长链醇-煤油-水微乳状液体系 [J]．中国科学（B 辑），1982（9）：793-797．

[19] 高宏成，沈兴海，吴杰．胺类萃取机理的探讨 [J]．高等学校化学学报，1994，15（10）：1425-1428．

[20] 高宏成，吴瑾光，吴佩强．胺类萃取过程中有机相含水量的变化 [J]．北京大学学报：自然科学版，1990，26（4）：461-465．

[21] 傅洵，刘欢，薛美玲，等．三正辛胺/无机酸萃取体系的界面性质——Ⅰ．三正辛胺盐酸盐/正庚烷/水三元体系中的有序聚集 [J]．化工冶金，1999，20（1）：5-10．

[22] He Dingsheng，Yang Chunming，Ma Ming，et al. Studies of the chemical properties of tri-n-octylamine-secondary octanol-kerosene-HCl-H$_2$O microemulsions and its extraction characteristics for cadmium（Ⅱ）[J]. Colloids and Surfaces A：Physicochemical and Engineering Aspects，2004，232（1）：39-47．

[23] 焦杰英，姜健准，高宏成．关于中性磷类萃取体系微乳现象的研究 [J]．北京大学学报：自然科学版，1999，35（6）：745-749．

[24] 王桂清，陈巧云，李荣喜，等．2-乙基己基磷酸-2-乙基己基酯钠皂微乳液 [J]．物理化学学报，2000，16（10）：936-940．

[25] 胡正水，辛惠蓁，潘莹，等．二烷基磷（膦）酸钠盐萃取体系的相行为 [J]．应用化学，1995，12（5）：10-14．

[26] 李改玲，李忠，彭启秀，等．萃取过程的量热研究（Ⅳ）——皂化 P$_{507}$ 萃取有机相中反向胶束和微乳状液的形成 [J]．高等学校化学学报，1992，13（8）：1102-1105．

第6章 量化计算和液膜萃取

6.1 引言

早期化学研究由于依靠实验探索，被看成是纯实验科学。20世纪前后到60年代，化学家运用物理理论处理化学问题，极大地推动了化学的发展。进入20世纪70年代以后，由于计算机能力和软件的飞跃进步，理论与计算化学得以迅猛发展。2013年，诺贝尔化学奖颁奖通告中说"如今对化学家来说，电脑同试管一样重要"[1]。从1954年到2014年，诺贝尔化学奖14次授予理论与计算化学，彰显出理论与计算化学研究极大地推动了化学的前进。当前化学正从纯实验科学向"实验、计算、理论"有机结合为特征的化学新阶段发展。

将量子力学应用于解决化学中重要且具有挑战性的问题是理论化学的核心任务之一。而量子化学计算的困难，除涉及的变量很多外，还因为化学变化的能量只占体系总能量很少的份额，计算精度要求非常高，而提高计算精度导致计算量迅速增大。密度泛函理论（density functional theory，DFT）是处理电子相关作用的途径之一，对很多种体系效果较好，是当前应用最广的方法。特别对于大而复杂的体系，DFT取得了很大的成功。密度泛函理论对实际问题的应用逐年增加，最新的重要研究包括生物酶和沸石中催化过程的理解和设计、电子输运、太阳能采取和输运、药物设计以及其他科学技术领域中的重要问题。就精度而言，目前的近似密度泛函理论在描述化学性质方面已经显著优于Hartree-Fock方法和微扰理论方法。同时，由于密度泛函理论具有严格的理论基础，随着人们对于交换相关泛函所应满足的各种精确条件的认识不断深化，有望通过发展新的能量泛函而提供更高的预测精度[2]。

6.2 有关理论

6.2.1 概念密度泛函理论和化学活性

概念密度泛函理论[3-7]（conceptual density functional theory）又称密度泛函活性理论（density functional reactivity theory）或化学密度泛函理论（chemical density functional theory），是密度泛函理论（DFT）的化学活性理论（chemical reactivity theory of DFT）。

概念密度泛函理论在液-液界面发生的萃取反应中去预测反应物和生成物活性位点具有重要的理论和实际意义。化学活性是描述分子受到不同类型反应试剂进攻时发生的分子的响应变化[6]。如果在化学反应中分子受到不断靠近的另一种参加反应的分子的微扰，其分子内的电子密度、分子极性、化学键的松弛等结构参数有较大的响应变化，其化学活性越强，在分子内越有可能旧键断裂，新键生成，有较大的参加化学反应的趋势，形成产物。反之，分子受到不断靠近的另一种参加反应的分子的微扰时，其结构参数的响应变化甚微，我们说该反应物化学活性弱，不能和施加微扰的分子发生化学反应，生成产物。所以，将概念密度泛函理论应用于液-液界面发生的萃取反应中，去准确预测萃取反应中分子内各原子提供或接受电子的能力以及发生化学反应可能的位点（即落实在反应分子内某一具体位置中的某一原子），即定量确定亲电性、亲核性和区域选择性，这彰显了这种研究对于减少实验的盲目性、节约资源和降低研究成本是极有研究价值的，同时对从理论上去认识萃取剂的萃取特性和溶剂萃取的规律，开发高效的新萃取剂也是有巨大意义的。

6.2.2 化学位和电负性

按照密度泛函理论（DFT）的化学活性理论，定义了化学位（chemical potential，μ）和电负性（electronegativity，χ）[3-7]：

$$\mu=\left(\frac{\partial E}{\partial N}\right)_\nu=-\chi \tag{6-1}$$

式中，E 为分子体系的能量；N 为总电子数；ν 为外势。根据上式求导数时，ν 保持不变，就是分子保持恒定的核坐标。等式的第一项将密度泛函理论（DFT）的化学位和能量对电子数的导数联系起来。等式第二项定义了电负性。1978 年，R. G. Parr 等证明了密度泛函理论（DFT）的化学位和电负性的关系[式(6-1)][8]。

密度泛函理论（DFT）的化学位能度量体系的电子从该体系逃逸的趋势[3,8]。这样，电子从化学位高的区域流向化学位低的压域，直至整个体系化学位达到平衡。根据无机化学，原子在分子中吸引电子的能力称为元素的电负性。在这一点上，DFT 化学位等于电负性的负值。根据 Mulliken 理论并运用有限差分近似[9]，可以计算化学位和电负性：

$$\chi=\frac{1}{2}(I+A) \tag{6-2}$$

式中，I 和 A 分别为第一电离能和第一电子亲和能。其中：

$$I=E_{N-1}-E_N \tag{6-3}$$

$$A=E_N-E_{N+1} \tag{6-4}$$

式中，E_N、E_{N-1}、E_{N+1} 分别表示体系含有 N、$N-1$、$N+1$ 个电子时，体系相应的能量。文献 [10-12] 运用 Koopman 定理近似处理，电离能和电子亲和能可以分别用最高占据轨道（HOMO）的能量（ε_{HOMO}）和最低未占轨道（LUMO）的能量（ε_{LUMO}）代替，因而有：

$$\chi=-\mu=-\frac{1}{2}(\varepsilon_{HOMO}+\varepsilon_{LUMO}) \tag{6-5}$$

6.2.3 硬度、软度、软硬酸碱原理、最大硬度原理

早在 20 世纪 60 年代，R. G. Pearson 在化学领域中引入了化学硬度（hardness）和软度

（softness）的概念。所谓"硬"是离子或原子体积小、难极化、带有高电荷的特征，而"软"是具有体积大、易极化、带有较低电荷的特征。依据硬、软的概念可以将路易斯酸和碱分成与极化有关的两大类，即硬酸、硬碱和软酸、软碱。1983 年，R. G. Pearson 和 R. G. Parr 在化学硬度定量描述的基础上引出、拓展了软硬酸碱原理（HSAB）的定量化研究。硬度可定义为[13]：

$$\eta = (\frac{\partial^2 E}{\partial^2 N})_\nu = (\frac{\partial \mu}{\partial N})_\nu \tag{6-6}$$

硬度是对于变化或变形的阻力。上式第二项显示了化学位是对体系得到或失去电子的阻力。根据有限差分近似，可导出：

$$\eta = I - A \tag{6-7}$$

而运用 Koopmans 定理近似处理，可导出[10]：

$$\eta = \varepsilon_{LUMO} - \varepsilon_{HOMO} \tag{6-8}$$

上式显示出硬度是最低未占轨道（LUMO）和最高占据轨道（HOMO）的能级差。硬度体现了对体系电子数目的变化而显示的体系对变化的阻力。

软度（softness）是硬度的倒数，定义式为[6,13]：

$$S = (\frac{\partial N}{\partial \mu})_\nu = \frac{1}{\eta} \tag{6-9}$$

式（6-9）显示了软度与体系的极化率有关。极化率越大，体系越易变形，相应的软度（S）越大。

如果考虑概念密度泛函理论，从硬度和软度的定义式（6-6）和式（6-9）出发，软硬酸碱原理的证明最初是由 P. K. Chattaraj、H. Lee 和 R. G. Parr[14] 提出，后来由 J. L. Gazquez[15] 给出更详细的阐述。更近以来，在文献 [16-19] 中，P. W. Ayers、R. G. Parr 和 R. G. Pearson 等再次审视了软硬酸碱原理有效性的条件和意义，并强调当电子转移的影响是重要的，而忽视其他因素的影响时，软酸和软碱反应产物的卓越稳定性决定软硬酸碱原理的有效性。这是由于对软-软作用而言，是软酸和软碱的轨道相互作用为主导，因而产生电子云的明显极化或电荷转移。当静电效应决定活性时，硬酸和硬碱相互作用中静电作用作为主导，反应物的电子结构变化较小，硬酸和硬碱反应产物的卓越稳定性决定软硬酸碱原理的有效性。

与软硬酸碱原理密切相关的是最大硬度原理（maxmum hardness principle，MHP）。因为硬度是最低未占轨道（LUMO）和最高占据轨道（HOMO）的能级差［式(6-8)］，此能级差越大，该分子越稳定。可以想到，似乎存在一个自然规则：使分子各部分结合在一起的最佳方式是使分子整体体现尽可能"硬"的特性。这是 R. G. Pearson 于 1987 年提出的假设。1991 年，R. G. Parr 和 P. K. Chattaraj 等[14] 以统计力学的涨落耗散理论和在保持外势和化学位［ν（r）和 μ］不变时的密度泛函理论相结合为基础，提出了最大硬度原理的理论证明。

6.2.4　福井函数

1984 年，R. G. Parr 和 W. Yang 等提出的福井函数（fukui function）是概念密度泛函理论中的一个极其重要的概念。其定义式为[20,21]：

$$f(r) = \left[\frac{\partial \rho(r)}{\partial N}\right]_\nu = \left[\frac{\delta \mu}{\delta \nu(r)}\right]_N \tag{6-10}$$

式中，N 为总电子数；$\rho(r)$ 为电子密度；ν 与原子核的三维空间坐标（r）有关，由体系的几何结构所决定；$\nu(r)$ 为原子核对电子产生的吸引势（外势）；$f(r)$ 为福井函数。上式第二项代表体系的化学位对外势的泛函导数。很容易证明，福井函数可以归一化：

$$\int f(r)\,\mathrm{d}r = 1 \tag{6-11}$$

福井函数值［$f(r)$］已被广泛地用来预测化学反应的活性位点。一般认为，$f(r)$ 越大的位点，相应的化学活性也越强，在该位点越易发生化学反应。由于电子密度相对于 N 的偏导数在 N 为整数时是不连续的，因而上式无法直接计算 $f(r)$ 值。为了解决这个困难，可以定义方向导数（directional derivatives），计算相应的左导数和右导数。如：

$$f^+(r) = \left[\frac{\partial \rho(r)}{\partial N}\right]_\nu^+ = \lim_{\varepsilon \to 0^+} \frac{\rho_{N+\varepsilon}(r) - \rho_N(r)}{\varepsilon} \tag{6-12}$$

$$f^-(r) = \left[\frac{\partial \rho(r)}{\partial N}\right]_\nu^- = \lim_{\varepsilon \to 0^-} \frac{\rho_N(r) - \rho_{N-\varepsilon}(r)}{\varepsilon} \tag{6-13}$$

一般说来，$f^+(r)$ 能度量体系获得一个电子时体系产生的相应电子密度的变化。在某位点（r），$f^+(r)$ 值愈大，体系在经受亲核（得到电子）进攻时所获得的电子愈多。因此，一个分子在 $f^+(r)$ 值大的位点易发生亲核进攻。与此类似，一个分子在 $f^-(r)$ 值大的位点易发生亲电（捐出电子）进攻。

在有限差分近似中，福井函数分别与三种反应类型相联系：

亲核反应： $$f^+(r) = \rho_{N+1}(r) - \rho_N(r) \tag{6-14}$$

亲电反应： $$f^-(r) = \rho_N(r) - \rho_{N-1}(r) \tag{6-15}$$

自由基反应： $$f^0(r) = \frac{1}{2}[f^+(r) + f^-(r)] = \frac{1}{2}[\rho_{N+1}(r) - \rho_{N-1}(r)] \tag{6-16}$$

式中，ρ_N、ρ_{N+1}、ρ_{N-1} 分别代表体系在初始状态（含 N 个电子）、获得一个电子（含 $N+1$ 个电子）、失去一个电子（含 $N-1$ 个电子）状态下的相应电子密度。

在冻核-轨道近似（frozen orbital approximation）计算中，上述三式中的导数可以用最高占据轨道（HOMO）和最低未占轨道（LUMO）相应波函数的平方来表示：

$$f^+(r) = |\phi_{\mathrm{LUMO}}(r)|^2 = \rho_{\mathrm{LUMO}}(r) \tag{6-17}$$

$$f^-(r) = |\phi_{\mathrm{HOMO}}(r)|^2 = \rho_{\mathrm{HOMO}}(r) \tag{6-18}$$

$$f^0(r) = \frac{1}{2}[\rho_{\mathrm{LUMO}}(r) - \rho_{\mathrm{HOMO}}(r)] \tag{6-19}$$

上述三式显示了如果忽略轨道弛豫（orbital relaxation）效应，福井函数还原到前线轨道理论，即前线轨道理论是在轨道弛豫效应不显著的情况下对福井函数的一个合理的近似[3]。最直观、方便地研究福井函数分布的方式是观察它的等值面。被福井函数等值面涵盖程度越大的原子越可能发生反应。为了在原子水平上研究活性，需要计算每个原子相应的福井函数值。由于简缩福井函数（condensed-to-atom fukui functions）将福井函数收缩到原子上，这样，每个原子具有一个确定的福井函数值，适宜于定量地比较不同原子福井函数值的大小。下面三式用于计算一个分子中某 k 原子的福井函数值：

亲核反应： $$f_k^+ = q_N^k - q_{N+1}^k \tag{6-20}$$

亲电反应： $$f_k^- = q_{N-1}^k - q_N^k \tag{6-21}$$

自由基反应：
$$f_k^0 = \frac{1}{2}(q_{N-1}^k - q_{N+1}^k) \tag{6-22}$$

上述三式中，q^k 是所考察的分子中 k 原子的原子电荷，一般多采用 NPA 电荷（nature population analysis）和 Hirshfeld Charge。这两种电荷和相应的 k 原子的电子布居数（p^k）可以运用 NBO（nature bond orbital）软件和 Multiwfn 免费软件分别获得后，用于计算福井函数。当用分子中 k 原子的电子布居数（p^k）来计算福井函数（f_k^+、f_k^-、f_k^0）时，应注意 k 原子的核电荷数（z^k）、相应的原子电荷（q^k）和电子布居数（p^k）有如下关系：

$$q^k = z^k - p^k \tag{6-23}$$

而相应的计算公式：

亲核反应：
$$f_k^+ = p_{N+1}^k - p_N^k \tag{6-24}$$

亲电反应：
$$f_k^- = p_N^k - p_{N-1}^k \tag{6-25}$$

自由基反应：
$$f_k^0 = \frac{1}{2}(p_{N+1}^k - p_{N-1}^k) \tag{6-26}$$

在电子转移控制化学活性时，福井函数能很好地预测化学反应可能的位点，而在电荷控制的诸如硬酸和硬碱作用的化学反应中，静电效应支配福井函数，福井函数的适用范围有争议。阻碍福井函数能否正确预测的关键是无法预测一个化学反应是电子转移控制，还是静电控制，或者是两者之间的某一状态。尽管如此，福井函数在预测化学反应可能的位点和定量确定亲核性、亲电性和区域选择性方面迈出了可喜的一步。

6.2.5　双描述符

C. Morell、A. Grand 和 A. Toro-Labbe 于 2005 年提出的双描述符〔dual descriptors，$f^{(2)}(r)$〕是在概念密度泛函理论框架下定义的一种实空间函数，它与福井函数〔$f(r)$〕有如下关系[20,22]：

$$f^{(2)}(r) = \left[\frac{\partial f(r)}{\partial N}\right]_\nu = \left[\frac{\delta \eta}{\delta \nu(r)}\right]_N \tag{6-27}$$

式中，η、ν、N 表示的意义同前。通过有限差分近似（finite difference approximation）并考虑冻核-轨道近似（frozen orbital approximation），可以得到计算双描述符的公式：

$$\begin{aligned} f^2(r) &= f^+(r) - f^-(r) \\ &= [\rho_{N+1}(r) - \rho_N] - [\rho_N(r) - \rho_{N-1}(r)] \\ &= \rho_{N+1}(r) - 2\rho_N(r) + \rho_{N-1} \\ &\approx \rho_{LUMO}(r) - \rho_{HOMO}(r) \end{aligned} \tag{6-28}$$

此计算公式显示，$f^{(2)}(r)$ 可以为正值，也可为负值。在 $f^{(2)}(r)$ 值愈正的区域愈易发生亲核反应，在 $f^{(2)}(r)$ 值愈负的区域愈易发生亲电反应。

为了定量比较分子中不同原子的双描述符值，考虑简缩福井函数（condensed-to-atom fukui functions），就可以计算简缩双描述符〔condensed dual descriptor〕的值 $f_k^{(2)}$。计算公式为：

$$\begin{aligned} f_k^{(2)} &= f_k^+ - f_k^- \\ &= 2q_N^k - q_{N+1}^k - q_{N-1}^k \end{aligned} \tag{6-29}$$

式中，k 为分子中第 k 个原子；q^k 为所考察的分子中 k 原子的原子电荷。双描述符可以展现同一位点发生亲核反应和亲电反应的趋势大小，而不需要像福井函数那样分别计算 f_k^+ 和 f_k^-，因而使用更方便。由于双描述符在同一位点的计算中，引用了 $N+1$ 和 $N-1$ 状态下的电子结构信息，为该位点发生亲核或亲电反应结论的判断提供了更多的信息，因而文献中有较多将双描述符用于研究中的报道。

在双描述符的计算中，q^k 一般多采用 NPA 电荷（nature population analysis）和 Hirshfeld charge。为了计算简缩到原子的软度，依据有关理论有下面的关系式[6,20,21]：

$$s(r) = \left[\frac{\partial \rho(r)}{\partial \mu}\right]_{\nu(r)} = \left[\frac{\partial \rho(r)}{\partial N}\right]_{\nu}\left(\frac{\partial N}{\partial \mu}\right)_{\nu} = S f(r) \qquad (6-30)$$

式中，$s(r)$ 为局部软度（local softness）；S 为软度（global softness）；$f(r)$ 为福井函数；$\rho(r)$、μ、$\nu(r)$、N 代表的意义同前。对分子中某 k 原子：

$$\Delta s_k = S \Delta f_k = S(f_k^+ - f_k^-) \qquad (6-31)$$

式中，Δs_k 为某 k 原子的简缩局部软度（condensed local softness）；f_k^+ 和 f_k^- 分别为 k 原子的亲核和亲电的福井函数。

6.2.6 亲电性指数

亲电性指数（electrophilicity index，ω）定义为[5,23,24]：

$$\omega = \frac{\mu^2}{2\eta} \qquad (6-32)$$

一般而言，亲电性指数能度量一个亲电试剂亲电性的能力。对分子中某 k 原子而言，局部亲电性指数（local electrophilicity index，ω_k）定义为：

$$\omega_k = \omega f_k^+ \qquad (6-33)$$

ω_k 用来分析与亲核和亲电相互作用有关的化学反应的活性和选择性。

6.2.7 静电势

在文献 [25-28] 中定义的静电势（electrostatic potential，ESP）描述了位于空间某一点（r）上的单位点电荷（positive）与当前体系的相互作用能：

$$V_{tot}(r) = V_{nu}(r) + V_{ele}(r)$$
$$= \sum_A \frac{Z_A}{|r - R_A|} - \int \frac{\rho(r')}{|r - r'|} dr' \qquad (6-34)$$

式中，R_A 为 A 原子核坐标；Z_A 为 A 原子的核电荷；$\rho(r)$ 为电子密度；r' 为电子的坐标。从式(6-34) 可见，静电势由原子核电荷和电子密度两部分对静电势的贡献组成，前者贡献正值，后者贡献负值。静电势为正，说明此处静电势由核电荷支配；静电势为负，表明此处静电势由电子的电荷主导。在原子核附近，静电势总为正值，而在离核较远处，静电势可正可负，这与分子体系的电子结构特点有关。对一个分子而言，如果电子密度分布显著地富集在某处，则出现负的静电势，但该处远离核。一般而言，负的静电势通常出现在 π 电子云区和孤电子对区。分子范德华表面上的静电势分布被用于亲核和亲电反应位点的预测，静电势愈正的区域愈有可能吸引亲核试剂进攻而发生反应，而静电势愈负的区域愈有可能吸引亲电试剂进攻而发生反应。通常所选用的范德华表面（V. D. W. surface）是由 R. F. W. Bader[29]定义的电子密度为 0.001a. u 的等值面（对气相），而对凝聚相，范德华表面是电子密度为 0.002a.u 的等值面。考察分子表面静电势分布的常见方法是将静电势根据数值大小以不同颜色投影到分子表面上，因而图形的分析非常直观。

6.2.8　原子电荷

原子电荷（atomic charge）是化学体系中电荷分布最简单、最直观的描述形式之一[26-28]。化学研究人员利用原子电荷可以研究原子在各种化学环境中的状态，分析和认识分子性质，预测分子参加化学反应的位点等。一般认为，具有愈负（negative）的原子电荷的原子愈易吸引亲电试剂进攻，而具有愈正（positive）的原子电荷的原子愈易吸引亲核试剂的进攻而发生化学反应。不同的计算原子电荷的方法导致同一状态的原子有不同的原子电荷，而且这些原子电荷的数据有的差异较大，严重影响分子性质和分子活性的分析。文献[28] 对目前广泛使用的 12 种计算原子电荷的方法进行了全面的比较和评述，指出不同计算方法的结果之间存在较大差异，若选用不恰当的计算方法可能得到不可靠甚至没有意义的原子电荷。只有充分掌握了不同计算方法计算原子电荷的原理和特点，了解这些计算方法的适用范围，才能依据自己研究的实际问题选择最恰当的一种。有兴趣的读者可阅读和研究该文献作者做出的分析和评述。

6.2.9　前线分子轨道理论

分子中分子轨道遵照能级从低到高依次排列，电子只填充了分子轨道中能量较低的一部分。已填电子的能量最高轨道称为最高占据轨道（highest occupied molecular orbital，HOMO），能量最低的空轨道称为最低未占轨道（lowest unoccupied molecular orbital，LUMO），这些轨道称前线轨道。前线轨道理论（frontier molecular orbital theory）认为[25]，分子在反应过程中，优先发生相互作用的是前线轨道。当反应的两个分子相互靠近时，一个分子中的 HOMO 和另一个分子中的 LUMO 必须对称性匹配，即按轨道正与正叠加、负与负叠加的方式相互接近，形成的过渡状态是活化能较低的状态，称为对称允许的状态。而互相起作用的 HOMO 和 LUMO 的能级高低必须接近，约 6ev 以内。随着两个分子的 HOMO 与 LUMO 发生叠加，电子便从一个分子的 HOMO 转移到另一个分子的 LUMO，电子的转移方向从电负性判断应该合理，电子的转移要和旧键的削弱相一致。对 HOMO 轨道成分有较大贡献的原子更可能是亲电进攻的位点，而对 LUMO 轨道成分有较大贡献的原子更可能是亲核进攻的位点。分析 HOMO 或 LUMO 的轨道成分就是考察这个轨道的电子密度（$\rho_i = |\phi_i|^2$）在各原子附近分布的总量，有多种方法可以计算分子轨道中原子的成分。有兴趣的读者可参考有关文献 [25，27]。

6.3　计算图形填色图的绘制

6.3.1　福井函数绘图

以 HCl 为例，用 Gaussian 03 软件包计算和绘图[25,30,31]。本章式（6-14）和式（6-15）二式是福井函数绘图的基础。

亲核反应：
$$f^+(r) = \rho_{N+1}(r) - \rho_N(r)$$

亲电反应：
$$f^-(r)=\rho_N(r)-\rho_{N-1}(r)$$

(1) 优化中性分子 HCl［B3LYP/6-311＋G^{**}，分子电荷＝0，自旋多重度＝1（视具体分子有无单电子而定）］。

(2) 在已优化结构的基础上，保持原结构不变，分别计算分子电荷为 0、+1、-1（相应的自旋多重度也做相应的调整）时体系相应的单点能，并分别保存计算完毕后产生的相应的 .chk 文件，三个文件依次命名为 HCl-0. chk、HCl+1. chk、HCl-1. chk。

(3) 以绘制 $f^+(r)$ 为例［如果中性分子含 N 个电子，电荷是 0，在获得 1 个电子后，分子含 N+1 个电子，相应的电荷是-1，依式(6-14) 计算后得到 $f^+(r)$］。首先将上述保存的 .chk 文件依次转变成 .cub 文件。相应操作为：用 Gaussian 03 软件包的 Gaussian View 打开 HCl-1. chk 文件。在菜单中选 Results→Surface→Cube Actions→New cube→Type（选 Total Density）→OK（如图 6-1 设置，软件调用有关程序进行计算）→Cube actions→Save cube（以-1. cub 文件名保存）→Close。同理，另两个以 0. cub 和+1. cub 保存在相应文件夹，并记住相应的根目录。

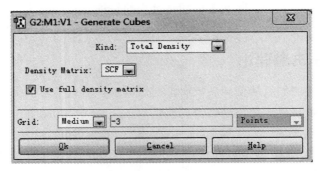

图 6-1　绘制福井函数的选项设置

对于 HF、DFT 计算，Density Matrix 都是选 SCF。Grid 一栏控制格点精度，影响图像质量。如果体系较大，为了节省时间应当选 Coarse。选择 Medium 时绘出的图像质量已经足够好了，而选择 Fine 意义不大。

(4) 为了计算式(6-14) 中等号右边的差值，先打开 Gaussian 03，从菜单栏中选 Utilities→Cubman，出现背景为黑色、字体为白色的界面，按照界面上语句的提示，在相应每行末的位置用键盘按要求手工输入相应内容（用斜体字母表示）：

Action［Add，Copy，Difference，Properties，SUbtract，SCale，SQuare］? *su*

First input? *D:\HCl\-1. cub*

Is it formatted［no，yes，old］? *y*

Opened special file D:\HCl\-1. cub.

Second input? *D:\HCl\0. cub*

Is it formatted［no，yes，old］? *y*

Opened special file D:\HCl\0. cub.

Output file? *D:\HCl\HCl-f+. cub*

Should it be formatted［no，yes，old］? *y*

Opened special file D:\HCl\HCl-f+. cub.

Input file titles：

Title Card Required density＝scf

Electron density from Total SCF Density

Input file titles：

Title Card Required density＝scf

Electron density from Total SCF Density

SumAP＝ 9.0141500502 SumAN＝0.0000000000 SumA＝9.0141500502

CAMax＝1.2397200000 XYZ＝－0.1409480000　－0.1409480000　－0.0058730000

CAMin＝0.0000000000 XYZ＝－9999.0000000000　－9999.0000000000　－9999.0000000000

SumBP＝8.0157710979 SumBN＝－0.0000138954 SumB＝8.0157572025

CBMax＝1.1870700000 CBMin＝－0.0000001629

SumOP＝1.0523359433 SumON＝－0.0539430956 SumO＝0.9983928477

COMax＝0.0526500000 COMin＝－0.0232700000

DipAE＝－0.0005043443　　　－0.0004277418　　　2.4000974688

DipAN＝0.0000000000　　　　0.0000000000　　　0.0000080000

DipA＝－0.0005043443　　　－0.0004277418　　　2.4001054688

DipBE＝－0.0003919918　　　－0.0003602334　　　0.7922320207

DipBN＝0.0000000000　　　　0.0000000000　　－0.0000080000

DipB＝－0.0003919918　　　－0.0003602334　　　0.7922240207

DipOE＝－0.0001123525　　　－0.0000675084　　　1.6078654482

DipON＝0.0000000000　　　　0.0000000000　　　0.0000080000

DipO＝－0.0001123525　　　－0.0000675084　　　1.6078734482

C:\G03W＞

　　在界面末尾出现 C：\ G03W＞，表示计算完毕，可关掉此界面。First input 是依据式(6-14) 的第一项 $\rho_{N+1}(r)$，对应的是－1.cub 文件。Second input 是依据式(6-14) 的第二项 $\rho_N(r)$，对应的是 0.cub 文件，而此两项电子密度之差是 $f^+(r)$，对应的输出结果(Output file) 以 HCl-f＋.cub 文件保存。无论是 First input、Second input，还是 Output file，都应在界面中输入文件绝对路径。

　　(5) 用 Gauss View 打开 HCl-f＋.cub，Results→Surface→Cube Actions→Load Cube，再打开 (Open 选项) 0.cub 文件上载，点击 Surface actions→New mapped surface，新窗口出现 $f^+(r)$。同理，也可绘出 $f^-(r)$。

　　从图 6-2 (见文后彩图) 可看出，上排 (a)、(b)、(c) 三个图颜色区别明显，蓝色集中在氢 (H) 原子一端，因氢原子带正电，而 Cl 显负电性，而氯原子端显黄而靠近红色，而在 Cl 和 H 之间成键区显绿色 (从红至蓝的过渡色)。而下排三个图 [(d)、(e)、(f)] 颜色分区不明显。在此例中 $f^+(r)$ 比 $f^-(r)$ 较好地反映了 HCl 分子中不同的活性区域和不同区域的不同电荷密度的分布。

6.3.2　绘制分子表面静电势填色图

　　此节讨论用 Gauss View 绘制分子表面静电势填色图的一般步骤。以 HCl 为例。

（1）用 Gauss View 打开 HCl-0. chk［参见 6.3.1 福井函数绘图（3）］，从 Gauss View 菜单栏中选 Results→Surface→Cube Actions→New cube→Kind（选 Total Density）→OK（如图 6-3 所示设置），Gauss View 调用 Gaussian 自带的 cubegen 程序产生电子密度的格点数据，计算完毕，该窗口自动关闭。

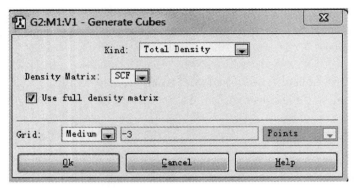

图 6-3　产生电子密度格点数据选项设置

此时屏幕上出现一个命令行窗口（图 6-4），在 Cubes Available 一栏里出现了电子密度格点数据信息。由于 R. F. W. Bader 将范德华表面定义为电子密度为 0.00100 的等值面，在图 6-4 中应将 Isovalue for new surfaces 设置成 0.00100。

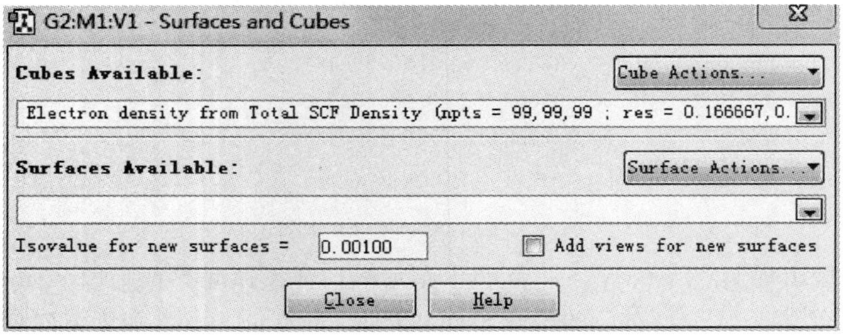

图 6-4　命令行窗口选项设置

（2）在图 6-4 中，点击 Surface Actions … 按键，选 Surface Mapping，出现新窗口，并按图 6-5 设置。

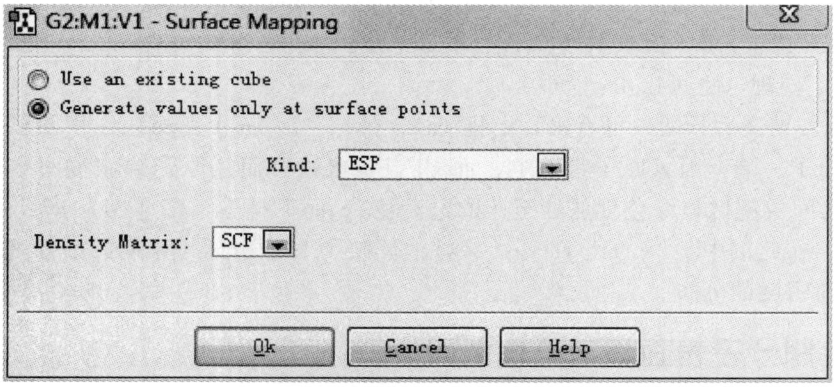

图 6-5　选项设置

New Mapped Surface 不仅产生前格点数据的等值面，还把指定的函数在这个等值面上的值以不同颜色映射到这个表面上。此例中，默认的映射到等值面的函数就是 ESP（静电势），直接点击 OK，出现静电势填色等值面（图 6-6，见文后彩图）。这样的界面图还可做适当调整，使原子位置清晰可见。在图上点鼠标右键，弹出对话框，选 Display Format，在新界面对话框选 Surface，在 Format 中有 Mesh、Solid、Transparent 三个选项，选 Mesh 和 Transparent，并进行色彩刻度上下限的适度调整，都可使原子清晰可见。若要使静电势图颜色鲜明，可参考有关文献，进行更深度的调整。

6.3.3　绘制双描述符 $[f^2(r)]$ 填色图

绘制此类填色图的依据是：

$$f^2(r) = f^+(r) - f^-(r)$$

而本章的式（6-14）和式（6-15）两式分别定义了式（6-28）中的 $f^+(r)$ 和 $f^-(r)$：

$$f^+(r) = \rho_{N+1}(r) - \rho_N(r)$$

$$f^-(r) = \rho_N(r) - \rho_{N-1}(r)$$

绘制双描述符 $[f^2(r)]$ 填色图的一般步骤：

（1）依据本章式（6-14）和式（6-15）两式，参考本章 6.3.1 福井函数绘图的步骤（1）~（3），以完全相同的方法产生 $f^+(r)$ 和 $f^-(r)$ 的 .cub 文件，分别用相应的文件名 f^+.cub 和 f^-.cub 保存，记住文件的绝对路径。

（2）依据式（6-28），产生 $f^2(r)$ 的 .cub 文件，以 f2.cub 文件名保存。相应操作同 6.3.1 福井函数绘图的步骤（4）。

（3）以本章 6.3.1 福井函数画图的步骤（5）绘制双描述符 $[f^2(r)]$ 填色图。以氯苯为例，可得到氯苯双描述符 $[f^2(r)]$ 填色图（图 6-7，见文后彩图）。由图 6-7 可见，5 号 C（间位）易发生亲核反应，6 号 C（对位）易发生亲电反应。

6.4　用 Hirshfeld 电荷定量标度亲电性和亲核性

准确预测化学过程中分子内各原子提供或接受电子的能力以及化学反应可能的位点，即定量确定亲电性、亲核性和区域选择性，是一个极有意义而亟待解决的课题。文献中有用原子电荷、静电势（ESP）、前线分子轨道理论、福井函数、双描述符等预测化学反应的反应物和生成物分子中可能的活性位点的报道，本节以氯苯为例，用原子电荷、福井函数、双描述符定量标度亲电性和亲核性做简单介绍。首先，对图 6-8 显示的氯苯分子（C_6H_5Cl）用 Gaussian 03W 软件包优化（H、C、Cl 分别用 6-31＋G、6-31＋G^*、6-311＋G^{**} 基组，B3LYP），找出无虚频、能量最低结构。用文献介绍软件[25]计算 Hirshfeld 电荷，所得计算结果见表 6-1。

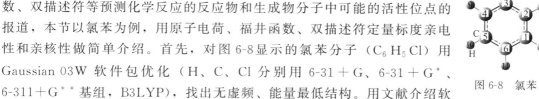

图 6-8　氯苯分子结构

表 6-1　Hirshfeld 电荷定量标度氯苯分子亲电性和亲核性

项目	q_N	q_{N+1}	q_{N-1}	f_k^+	f_k^-	f_k^2
C_1	-0.03364	-0.15346	0.03532	0.11982	0.06896	0.05086

项目	q_N	q_{N+1}	q_{N-1}	f_k^+	f_k^-	f_k^2
C_2	-0.04468	-0.15667	0.02641	0.11199	0.07109	0.04090
C_3	0.02522	-0.01610	0.12203	-0.00912	0.09681	-0.10593
C_4	-0.04468	-0.15668	0.02641	0.1120	0.07109	0.04091
C_5	-0.03364	-0.15348	0.03532	0.11984	0.06896	0.05088
C_6	-0.04045	-0.09871	0.09660	0.05826	0.13705	-0.07879

从表 6-1 中，无论是用 f_k^+、f_k^- 还是 f_k^2 度量氯苯分子中 C 原子的亲核性和亲电性都可得出一致的结论：5 号 C（间位）易发生亲核反应，6 号 C（对位）易发生亲电反应。这和图 6-7 双描述符填色图得出的结论一致。

6.5　密度泛函理论在液膜萃取中的应用研究

6.5.1　计算热化学参数和萃取反应平衡常数

对液-液萃取化学反应的能量变化、焓变、自由能变进行热化学计算[32,33]，可以判断萃取化学反应进行的趋势，确定主反应和副反应，筛选可用的萃取剂，并依据下面公式求出萃取化学反应的平衡常数：

$$\Delta G^{\ominus} = -RT\ln K \tag{6-35}$$

式中，$\Delta G^{\ominus}$ 为萃取化学反应的标准自由能变；T 为热力学温度，K；K 为萃取化学反应的平衡常数；R 为气体常数，$8.314\text{J}/(\text{K} \cdot \text{mol})$。

6.5.2　计算前线分子轨道理论中最高占据轨道和最低未占轨道的能量

最高占据轨道（HOMO）和最低未占轨道（LUMO）的能量是常用的数据。为了判断一个化学反应的活性，运用前线分子轨道理论可定义 ΔE：[34-36]

$$\Delta E = \text{LUMO}_{\text{reactant 1}} - \text{HOMO}_{\text{reactant 2}} \tag{6-36}$$

粗略地说，两个反应物之间的化学反应由这两个反应物的 HOMO 和 LUMO 轨道的能量差（gap）控制。从上式可见，ΔE（LUMO－HOMO gap）是参加化学反应的反应物分子活性的描述符。具有较小缺口（ΔE）的反应物比具有较大缺口（ΔE）的反应物更易参加化学反应。从概念上说，ΔE 和活化能 ΔE_a 是完全不同的。

6.5.3　萃取剂互变异构体稳定性及萃取特性的研究

HPMBP（1-苯基-3-甲基-4-苯甲酰基吡唑啉酮-5）在放射化学分离和分析中有重要的实际应用。它是 β-双酮类试剂的代表。HPMBP 有四种互变异构体，相应的结构简式见图 6-9。文献［32］对四种互变异构体之间的变换做了相应焓变和自由能变的量化计算，得出四种异构体热力学稳定性次序（稳定性从高到低）有下面的结论：keto（Ⅱ）＞keto（Ⅰ），enol（Ⅲ）＞enol（Ⅳ），enol（Ⅲ）＞keto（Ⅱ），keto 代表酮式，enol 代表烯醇式。在二甲苯中，HPMBP 主要以 keto（Ⅱ）和 enol（Ⅲ）异构体存在，对相应的萃取特性也做了实验研究。如果

HPMBP 在二甲苯中的浓度高于 0.1mol/L，HPMBP 主要以烯醇式存在。当 HPMBP 的浓度相对较高时，烯醇式（enol）异构体对水溶液中的铜（Ⅱ）有高的萃取率，而当 HPMBP 的浓度相对较低时，酮式（keto）异构体对水溶液中的铜（Ⅱ）有高的萃取率。若酮式异构体萃取铜（Ⅱ），铜（Ⅱ）的萃取遵从离子对机理；若烯醇式异构体萃取铜（Ⅱ），铜（Ⅱ）的萃取遵从离子交换机理。有兴趣的读者可阅读该文献。

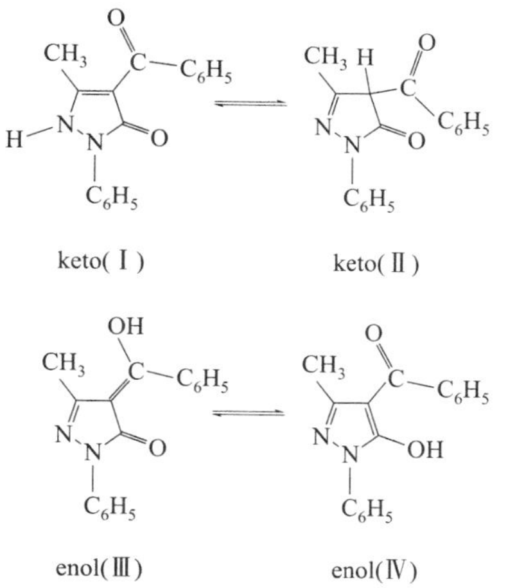

图 6-9　HPMBP 的互变异构体

6.5.4　液-液萃取反应中有关物种亲核性和亲电性的标度

　　静电势（ESP）、原子电荷、前线轨道理论、福井函数、双描述符、局部亲电性指数、局部软度等都是文献上经常用于预测并确定化学过程中分子内各原子提供或接受电子的能力和定量确定亲核性、亲电性和区域选择性常用的参数[33,34,37]。为了预测结论的可靠性，有时可运用多种化学理论考察和分析。欲做更多了解和实践可查阅参考有关文献。

　　液-液萃取反应涉及有机溶剂和水溶液，故在实际应用中，考虑溶剂效应的计算是计算化学运用到实际体系能否极大成功所面临的挑战。20 世纪 80 年代初，理论化学家们开始建立各种溶剂模型来处理实际体系中的溶剂效应。极化连续介质模型（polarizable continuum model，PCM）是目前使用较为广泛的溶剂模型。Gaussian 03 和 09 软件包提供了几种溶剂模型和多种溶剂供选择用于结构优化时考虑，尽管如此，这有限的几种溶剂模型是一种近似处理，还没有达到准确模拟的要求，因而发展更多精确和快速的溶剂化计算模型和方法对于模拟实际体系的计算仍然是极有意义的。

6.5.5　计算化学对动力学协萃效应的深度认识

　　在溶剂萃取中，螯合萃取剂 Lix 系列萃取速率都较低，为了提高其萃取速率，均需添加动力学协萃剂。动力学协萃剂在有机相使用浓度低且能显著提高萃取速率。国内工作证实，在萃铜萃取剂 N_{530} 中加入渗透剂 OT（琥珀二异辛酯磺酸钠，Manoxol OT）时，能对加快萃取速率产生良好的效果[33]。

　　HPMBP（缩写为 HR）是 β-双酮类试剂，在溶剂萃取中常用作螯合萃取剂。文献［33］在含 HPMBP 的液膜相（二甲苯作溶剂）中添加渗透剂 OT（$C_{20}H_{37}O_7SNa$，OT 或 NaA、HA），尝试从含 Cu^{2+} 和 Zn^{2+} 的硫酸料液中分离 Cu^{2+}，不仅观察到显著的动力学协萃效应，而且很好地达到分离 Cu^{2+} 的目的。为了从理论上深入认识 OT 的动力学协萃效果，缩短筛选动力学协萃剂的实验时间，该文献用概念密度泛函理论 DFT 展开了相应的量化计算。对于该体系，相应的萃取机理是[30]：

$$HA_{membrane} \longrightarrow HA_{aq} \tag{1}$$

$$HA_{aq} \longrightarrow H_{aq}^+ + A_{aq}^- \tag{2}$$

$$HR_{membrane} \longrightarrow HR_{aq} \tag{3}$$

$$HR_{aq} \longrightarrow H_{aq}^+ + R_{aq}^- \tag{4}$$

$$M(H_2O)_{4,aq}^{2+} + 2A_{aq}^- \longrightarrow [M(H_2O)_2A_2]_{aq} + 2H_2O_{aq} \quad (M=Cu,Zn) \quad (5)$$

$$[M(H_2O)_2A_2]_{aq} + 2R_{aq}^- \longrightarrow MR_{2,aq} + 2A_{aq}^- + 2H_2O_{aq} \quad (6)$$

$$MR_{2,aq} \longrightarrow MR_{2,membrane} \quad (7)$$

总反应： $$M(H_2O)_{4,aq}^{2+} + 2R_{aq}^- \longrightarrow MR_{2,membrane} + 4H_2O_{aq} \quad (8)$$

上述化学方程式中，下标 aq 代表水相，membrane 代表膜相（有机相）。$[M(H_2O)_2A_2]_{aq}$ 是中间产物，渗透剂 OT（A^-）在上述方程式中仅参加中间产物的生成，而最后的生成物（$MR_{2,membrane}$）中无渗透剂 OT 成分（A^-）。OT 是如何体现动力学协萃效果的？该文献为了考察 $M(H_2O)_4^{2+} \rightarrow [M(H_2O)_2A_2] \rightarrow MR_2$ 反应的倾向，从以下几个方面进行了计算化学的研究：

（1）DFT 和反应指数、配离子的结构参数等证明，在该体系中所有铜（Ⅱ）配合物比相应的锌（Ⅱ）配合物的活性强，铜（Ⅱ）配合物的 LUMO 的能量比相应的锌（Ⅱ）配合物的能量低，铜（Ⅱ）配合物中的铜离子（Ⅱ）比相应的锌（Ⅱ）配合物中的锌离子（Ⅱ）更有亲电性。

（2）在 OT 存在时，铜离子（Ⅱ）的萃取过程如反应式（5）和（6）所示，中间产物 $[M(H_2O)_2A_2]$ 的生成，有效地降低了 HOMO-LUMO 缺口 $\{\phi_{LUMO}[M(H_2O)_4^{2+}] - \phi_{HOMO}(R^-)\}$ 的能量（M=Cu，Zn），这使得在发生反应式（6）的反应时，$\Delta E = \phi_{LUMO}[Cu(H_2O)_2A_2] - \phi_{HOMO}(R^-) = -0.0953 a.u$，这有利于发生下面的反应：

$$[Cu(H_2O)_2A_2]_{aq} + 2R_{aq}^- \longrightarrow CuR_{2,aq} + 2A_{aq}^- + 2H_2O_{aq} \quad (9)$$

这是由于 $\phi_{LUMO}[Cu(H_2O)_2A_2] = -0.149 a.u$，$\phi_{HOMO}(R^-) = -0.0537 a.u$，具有较高能量轨道 $\phi_{HOMO}(R^-)$ 上的电子（R^- 是配体，）将进入具有较低能量的空轨道 $\phi_{LUMO}[Cu(H_2O)_2A_2]$，这在能量上是有利的，故反应（9）易发生。

相反，$\Delta E = \phi_{LUMO}[Zn(H_2O)_2A_2] - \phi_{HOMO}(R^-) = 0.0147 a.u$，此能量是正值，对发生下面的反应是禁阻的：

$$[Zn(H_2O)_2A_2]_{aq} + 2R_{aq}^- \longrightarrow ZnR_{2,aq} + 2A_{aq}^- + 2H_2O_{aq} \quad (10)$$

这是由于 $\phi_{HOMO}(R^-) = -0.0537 a.u$，而 $\phi_{LUMO}[Zn(H_2O)_2A_2] = -0.039 a.u$，在具有较低能量轨道 $\phi_{HOMO}(R^-)$ 上的电子（R^- 是配体，）将进入具有较高能量的空轨道 $\phi_{LUMO}[Zn(H_2O)_2A_2]$，这在能量上是不利的，故反应（10）是禁阻的。因而中间产物 $[M(H_2O)_2A_2]$（M=Cu，Zn）的生成明显地提高了液膜体系对铜（Ⅱ）的萃取选择性和相应的萃取速率。渗透剂 OT（A^-）体现动力学协萃效果是由于 $\phi_{HOMO}(A^-)$ 具有比 $\phi_{HOMO}(R^-)$ 低的能量 $[\phi_{HOMO}(A^-) = -0.0977 a.u，\phi_{HOMO}(R^-) = -0.0537 a.u]$。

（3）CuR_2 和 ZnR_2 的偶极矩分别是 0.0504 德拜和 3.6200 德拜（Debye），ZnR_2 的偶极矩是 CuR_2 的 72 倍，根据相似相溶原理，极弱极性的 CuR_2 比 ZnR_2 更易溶于二甲苯中，这有利于膜体系对铜（Ⅱ）萃取选择性的提高。

（4）A^- 是非配离子，R^- 是配离子，故 A^- 和 $[M(H_2O)_2]^{2+}$（M=Cu，Zn）是离子反应，比 R^- 和 $[M(H_2O)_2]^{2+}$ 配位反应快，有利于 $[M(H_2O)_2A_2]$（M=Cu，Zn）的生成。通过此例，可以认识到，实验和理论计算相结合不仅可以深化对化学理论和规律的认识，而且可以提升化学学科在实践中的作用，更好地认识客观世界和改造客观世界。

参 考 文 献

[1]　国家自然科学基金委员会 中国科学院 . 中国学科发展战略 [M]. 北京：科学出版社，2016.

[2]　国家自然科学基金委员会 中国科学院 . 中国学科发展战略　理论与计算化学 [M]. 北京：科学出版社，2016.

[3]　刘述斌 . 概念密度泛函理论及近来的一些进展 [J]. 物理化学学报，2009，25（3）：590-600.

[4]　Geerlings P，de Proft F，Langenaeker W. Conceptual Density Functional Theory [J]. Chem Rev，2003，103：1793-1873.

[5]　Chattaraj P K，Sarkar U，Roy D R. Electrophilicity Index [J]. Chem Rev，2006，106：2065-2091.

[6]　Chattaraj P K. Chemical reactivity theory：a density functional theory view [M]. London：Taylor & Francis Group，2009.

[7]　Parr R G，Yang W，Density functional theory of atoms and molecules [M]. Oxford：Oxford University Press，1989.

[8]　Parr R G，Donnelly R A，Levy M et al. Electronegativity：the density functional viewpoint [J]. J Chem Phys，1978，68：3801-3807.

[9]　Mulliken R S. A New Electroaffinity Scale：Together with Data on Valence States and on Valence Ionization Potentials and Electron Affinities [J]. J Chem Phys，1934，2：782-793.

[10]　Koopmans T A. Über die Zuordnung von Wellenfunktionen und Eigenwerten zu den Einzelnen Elektronen Eines Atoms [J]. Physica，1933，1：104-113.

[11]　Ayers P W，Parr R G，Pearson R G. Elucidating the hard/soft acid/base principle：A perspective based on half-reactions [J]. J Chem Phys，2006，124：194107.

[12]　Parr R G，Bartolotti L J. On the geometric mean principle for electronegativity equalization [J]. J Am Chem Soc，1982，104：3801-3803.

[13]　Parr R G，Pearson R G. Absolute hardness：companion parameter to absolute electronegativity [J]. J Am Chem Soc，1983，105：7512-7516.

[14]　Chattaraj P K，Lee H，Parr R G. HSAB principle [J]. J Am Chem Soc，1991，113：1855-1856.

[15]　Gazquez J L. The Hard and Soft Acids and Bases Principle [J]. J Phys Chem A，1997，101：4657-4659.

[16]　Ayers P W，Parr R G. Variational Principles for Describing Chemical Reactions：The Fukui Function and Chemical Hardness Revisited [J]. J Am Chem Soc，2000，122：2010-2018.

[17]　Pearson R G，Palke W E. Support for a principle of maximum hardness [J]. J Phys Chem，1992，96：3283-3285.

[18]　Chattaraj P K，Ayers P W，Melin J. Further links between the maximum hardness principle and the hard/soft acid/base principle：insights from hard/soft exchange reactions [J]. Phys Chem Chem Phys，2007，9：3853-3856.

[19]　Chattaraj P K，Ayers P W. The maximum hardness principle implies the hard/soft acid/base rule [J]. J Chem Phys，2005，123：086101.

[20]　Morell C，Grand A，Toro-Labbe A. New Dual Descriptorfor Chemical Reactivity [J]. J Phys Chem A，2005，109：205-212.

[21]　Parr R G，Yang W. Density Functional Approach to the Frontier-Electron Theory of Chemical Reactivity [J]. J Am Chem Soc，1984，106：4049-4050.

[22]　Roy R K，Krishnamurti S，Geerlings P，et al. Local Softness and Hardness Based Reactivity Descriptors for Predicting Intra- and Intermolecular Reactivity Sequences：Carbonyl Compounds [J]. J Phys Chem A，1998，102：3746-3755.

[23]　Roy R K. On the Reliability of Global and Local Electrophilicity Descriptors [J]. J Phys Chem A，2004，108：4934-4939.

[24]　Roy R K，Usha V，Paulovic J，et al. Are the Local Electrophilicity Descriptors Reliable Indicators of Global Electrophilicity Trends [J]. J Phys Chem A，2005，109：4601-4606.

[25]　Tian Lu，Feiwu Chen. a multifunctional wavefunction analyzer [J]. J Comp Chem，2012，33：580-592.

[26]　付蓉，卢天，陈飞武 . 亲电取代反应中活性位点预测方法的比较 [J]. 物理化学学报，2014，30（4）：628-639.

[27]　卢天，陈飞武 . 分子轨道成分的计算 [J]. 化学学报，2011，69（20）：2393-2406.

［28］ 卢天，陈飞武 . 原子电荷计算方法的对比［J］. 物理化学学报，2012，28（1）：1-18.

［29］ Bader R F W. Atoms in Molecules：A Quantum Theory［M］. Oxford：Oxford University，1990.

［30］ 刘江燕，武书彬 . 化学图文设计与分子模拟计算［M］. 广州：华南理工大学出版社，2009.

［31］ 李永健，陈喜 . 分子模拟基础［M］. 武汉：华中师范大学出版社，2011.

［32］ He Dingsheng，Li Zhiqiang，Ma Ming，et al. Study of Extraction Characteristics of HPMBP. 1. Tautomer and Extraction Characteristics［J］. J Chem Eng Data，2009，54：2944-2947.

［33］ He D，Ma M. Quantum chemical study of extraction characteristics of kinetic synergist OT in liquid membrane using HPMBP as carrier［J］. Sep Purif Technol，2013，107：289-296.

［34］ He D，Ma M. Impact of Lewis Base on Chemical Reactivity and Separation Efficiency for Hydrated Fourth-Row Transition Metal（Ⅱ）Complexes：An ONIOM DFT/MM Study［J］. J Phys Chem A，2014，118：2984-2994.

［35］ Yue Xia，Dulin Yin，Chunying Rong，et al. Impact of Lewis Acids on Diels-Alder Reaction Reactivity：A Conceptual Density Functional Theory Study［J］. J Phys Chem A，2008，112：9970-9977.

［36］ García J I，Martínez-Merino V，Mayoral J A，et al. Density Functional Theory Study of a Lewis Acid Catalyzed Diels-Alder Reaction. The Butadiene ＋ Acrolein Paradigm［J］. J Am Chem Soc，1998，120：2415-2420.

［37］ Martínez-Araya J I，Salgado-Morán G，Glossman-Mitnik D. Computational Nanochemistry Report on the Oxicams-Conceptual DFT Indices and Chemical Reactivity［J］. J Phys Chem B，2013，117：6339-6351.

第7章　支撑液膜技术的应用

支撑液膜技术的应用研究领域近 20 年不断扩大，主要包括金属离子的富集和分离、工业废水的处理、有机物分离、生化制品分离、气体分离等不同领域。在这些已开展应用的领域中，充分展现了这种新型的支撑液膜分离技术具有广阔的应用前景。随着支撑液膜稳定性研究的深入，人们一定能认识支撑体微孔中膜液流失的微观机理，找出提高和解决支撑液膜稳定性的最佳方案，扩大其在湿法冶金、石油化工、环境保护、医药等领域的应用范围和应用深度，使这一技术造福人类。

7.1　金属离子的富集和分离

7.1.1　Co^{2+}、Zn^{2+}、Hg^{2+}、$Cr(Ⅵ)$

美国科学院何文寿院士在支撑乳化液膜（supported emulsion liquid membrane，SELM）的基础上提出了反萃取相预分散的支撑液膜（supported liquid membrane with strip dispersion），并获得了美国专利[1,2]。在这些专利中作者认为，由于油膜相含有弱表面活性的萃取剂，反萃取水相在油膜相中的分散只需将反萃取水相与油膜相搅拌混合后，形成了 W/O "乳状液"，再使之进入膜接触器，这样可以在油膜相中免除了专用表面活性剂的使用。这样获得的 W/O "乳状液" 在通过膜接触器之后，收集并静置，便可实现两相分离。整个过程在保留 SELM 优点的同时，又无须制乳与破乳两道工序，使该发明简单、可靠、实用。

利用这种具反萃取相预分散的支撑液膜，何文寿成功地进行了各种金属的回收。例如，在使用含质量分数 $w=24\%$ Cyanex301 [(2,4,4-三甲基苯)二硫代膦酸]，$w=2\%$ 十二烷醇，$w=74\%$ 异构烷烃 L（isopar L）液膜溶液，200mL 2.5mol/L H_2SO_4（用作反萃取剂溶液）和 600mL 上述液膜溶液搅拌混合制得反萃分散相，聚丙烯中空纤维组件直径 6.35cm，长 20.32cm，液膜溶液预先浸润组件中的中空纤维管壁微孔，反萃取分散相在中空纤维管内流动，料液在管外流动，分别处理含有 Co^{2+}、Zn^{2+}、Hg^{2+} 的料液，迁移时间 30min（或 120min），实验结果见表 7-1。其中，Zn^{2+} 是逆浓度迁移。

表 7-1　中空纤维支撑液膜组件迁移溶质对比

金属离子	料液 pH 值($t=0$)	料液金属离子浓度 /(mg/L)		反萃液金属离子浓度 /(mg/L)	
		$t=0$	$t=30\text{min}$	$t=0$	$t=30\text{min}$
Co^{2+}	2.3	489	4.37		5410
Zn^{2+}	1.9	556	0.275($t=120\text{min}$)	4644	17713($t=120\text{min}$)
Hg^{2+}	2.5	0.388	<0.00084		21.2

文献 [3] 用两个直径 25.4cm、长 71.1cm 商业中空纤维组件（每个组件含 225000 根微孔聚丙烯中空纤维管，膜面积 135m²）组成的二步反萃取相预分散支撑液膜技术处理含 Cr(Ⅵ)料液。两个组件预先用液膜溶液浸润微孔聚丙烯中空纤维管，使中空纤维管壁微孔充满液膜有机相，反萃分散相在中空纤维管内流动，料液在管外流动。整个二步反萃分散支撑液膜技术处理含 Cr(Ⅵ)料液的流程见图 7-1。

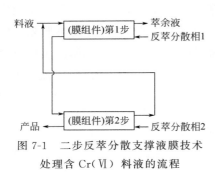

图 7-1　二步反萃分散支撑液膜技术处理含 Cr(Ⅵ)料液的流程

在反萃分散支撑液膜第一步处理中，Cr(Ⅵ)料液中含 Cr(Ⅵ) 100mg/L 并含有一定浓度的硫酸，料液流速 9.46L/min，反萃分散相由 3mol/L NaOH 和液膜有机相按体积比 1∶2 搅拌混合而成，其流速 15.1L/min。液膜有机相是含质量分数 $w=10\%$ *N*-十二烷基-*N*-三烷基甲基胺（分子量为 372，简称 LA-2）、$w=1\%$ 1-十二烷醇（萃取剂的改性剂）、$w=3\%$ PLURONIC L31（商品名，是聚丙二醇与环氧乙烷的加聚物，改善反萃分散相分相效果的添加剂）的异构烷烃 L（isopar L，商品名）溶液。经过第一步反萃取相预分散支撑液膜技术处理后流出的料液含 Cr(Ⅵ) 低于 4mg/L，若对此流出的料液再经过第二个相同的组件处理，其流出液含 Cr(Ⅵ) 低于 0.05mg/L。而经第一步反萃后的反萃液含 Cr(Ⅵ) 至少在 3000mg/L 以上，此时，对第一步反萃后的反萃液用 H₂SO₄ 调 pH 值至 1.5 后，使含 Cr(Ⅵ) 在 2500～5600mg/L 范围的反萃液再流经第二个组件的中空纤维管外，反萃分散相由 12.5mol/L NaOH 与相同的液膜有机相按体积比 1∶4 搅拌混合后流经第二个相同组件的中空纤维管内，则流出第二个组件的反萃分散相静置分层后，其反萃液中的 Cr(Ⅵ) 达到 170～200g/L，如此高浓度的 Cr(Ⅵ) 溶液可再利用或制出含 Cr(Ⅵ)的钠盐。

何文寿院士发明的反萃取相预分散的支撑液膜技术已成功用于美国巴尔的摩海港附近 Allied-Signal 工厂旧址被污染地下水中铬的脱除净化[4,5]。由于该法操作简便，不使用表面活性剂，可以有更多商业应用。

7.1.2　从电路板生产的蚀刻废液中回收 Cu²⁺

文献 [6] 用中空纤维支撑液膜（hollow fiber supported liquid membrane，HFSLM）成功地从使用过的蚀刻氨料液中回收铜，并使蚀刻氨料液再生后重新使用。半工业规模（pilot-scale）实验的装置见图 7-2。

用于半工业规模实验的中空纤维支撑液膜组件参数如表 7-2 所列。

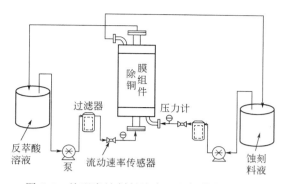

图 7-2 处理废蚀刻料液半工业规模实验装置

表 7-2 用于半工业规模实验的中空纤维支撑液膜组件参数

项目	材质或数值	项目	材质或数值
中空纤维材料	聚丙烯	中空纤维内直径/μm	220
孔隙率/%	40	表面积/m²	130
中空纤维外直径/μm	300	水流量范围/(m³/h)	10～48

注：Liqui-Cel Extra-Flow 10in×28 in（1in＝0.0254m）。

该文献用 LIX54（HR）作萃取剂，煤油作稀释剂，一定浓度的硫酸作反萃取剂，借助膜组件构成中空纤维支撑液膜体系。在料液-膜界面发生萃取反应：

$$Cu(NH_3)_4Cl_{2\,aq} + 2HR_{org} \rightleftharpoons CuR_{2\,org} + 2NH_4Cl_{aq} + 2NH_3 \uparrow$$

在反萃取相-膜界面发生反萃取反应：

$$CuR_{2\,org} + H_2SO_{4\,aq} \longrightarrow 2HR_{org} + CuSO_{4\,aq}$$

上述方程式中，aq 代表水相，org 代表有机相。已用过的蚀刻溶液（用作半工业规模实验的料液）的组成见表 7-3。

表 7-3 已用过的蚀刻溶液组成

项目	数值	项目	数值
pH 值	10	Hg(Ⅱ)/(mol/L)	$4.7×10^{-4}$
Cu(Ⅱ)/(mol/L)	约 2.5	Ni(Ⅱ)/(mol/L)	$3.4×10^{-4}$
总 NH₃/(mol/L)	10	Ca(Ⅱ)/(mol/L)	$9.3×10^{-5}$
Cl⁻/(mol/L)	5	总 Fe/(mol/L)	$4.7×10^{-5}$
Na⁺/(mol/L)	$2.5×10^{-2}$	Cd(Ⅱ)/(mol/L)	$1.8×10^{-6}$
Zn(Ⅱ)/(mol/L)	$1.7×10^{-3}$		

经半工业规模实验处理过的蚀刻剂和商业蚀刻剂的对比见表 7-4。

表 7-4 经半工业规模实验处理过的蚀刻剂和商业蚀刻剂的对比

项目	处理后的蚀刻剂溶液	补充 NH₃ 后的蚀刻剂溶液	商业蚀刻剂溶液
Cu(Ⅱ)/(mg/L)	47	50	—
NH₄Cl 浓度/(g/L)	276	271	250～270
总碱度/(g/L)	18	346	310～370
pH 值	8.15	9.68	9.5～9.9
密度 20℃/(g/cm³)	1.070	1.02	1.020～1.040

回收后的反萃取液经结晶后，得 $CuSO_4 \cdot 5H_2O$ 产品，和相应商业产品对照，其中杂质含量比较见表 7-5。

表 7-5　回收 $CuSO_4 \cdot 5H_2O$ 和相应商业产品中杂质含量比较

元素	回收结晶 $CuSO_4 \cdot 5H_2O$ 中/%	商业 $CuSO_4 \cdot 5H_2O$ 中/%
Al	0.36	0.858
Fe	0.004	0
K	0.23	0.17
Mg	0.02	0.02
Pb	1.4	1.8
Zn	0.5	0.5

由表 7-3～表 7-5 可知，用本研究的中空纤维支撑液膜体系处理印刷电路板产生的蚀刻废液的半工业规模实验从原理和实践上都证明该工艺是可行的，并且每天有使 100L 用过的蚀刻废液再生重新使用和每天回收 60kg $CuSO_4 \cdot 5H_2O$ 产品的能力。据作者报道，此半工业规模实验装置在第一次运行后，闲置 3 个月，再进行第二次运行，实验条件参数和第一次无异，其回收铜效果、数量和再生蚀刻液的性质和第一次实验时基本无差别，这说明该膜体系有较好的稳定性。当然，要完全进入工业化实用阶段，还要继续做更细致的研究。从酸性含铜、钼、铼、铁漂洗废水中提取铜（Ⅱ）可查阅参考文献 [7]。

7.1.3　镉(Ⅱ) 的提取和富集

本实验室以本书第 3 章图 3-2 中 5 种液膜迁移池研究厚体液膜（又名大块液膜，bulk liquid membrane）和反萃分散组合液膜（SDHLM）迁移镉（Ⅱ）。研究内容包括镉载体的筛选、镉迁移动力学参数的测定、迁移体系的开发和迁移工艺条件的优化，膜稳定性以及有关支撑液膜为研究对象的应用基础研究项目。其研究内容可参考有关文献 [8-15]。文献 [16] 用传统平板支撑液膜和反萃分散组合液膜（三正辛胺-仲辛醇-煤油作液膜相，0.5mol/L 醋酸铵作反萃取相）对 Cd(Ⅱ) 和 Zn(Ⅱ) 的迁移和分离从如下五个方面进行实验对比：料液相和反萃分散相流动速率；反萃剂浓度；膜液损失；Cd(Ⅱ) 和 Zn(Ⅱ) 的分离效果；Cd(Ⅱ) 的逆浓度迁移。通过渗透系数（P，cm/s）、反萃取相中溶质的回收百分比和溶质浓度、料液中残留溶质的浓度、分离系数和膜液损失量等参数的比较，最后得出反萃分散组合液膜（SDHLM）比传统支撑液膜有如下的明显优势：

（1）在 SDHLM 中，液膜有机相和反萃取相在高剪切速率下有效混合和接触，提供了两相极大的接触表面积，在对比实验中，Cd(Ⅱ) 的迁移速率提高了 1.4～4 倍，并在反萃取相中得到了较高浓度的 Cd(Ⅱ)。

（2）在逆浓度迁移中，渗透系数和 Cd(Ⅱ) 在反萃液中的回收百分比整体上明显高于平板支撑液膜，反映出 SDHLM 在逆浓度迁移上体现的膜迁移效率明显高于平板支撑液膜。

（3）SDHLM 能连续自动地对支撑体微孔补充液膜有机溶液，在该文献研究的实验条件下，SLM 中膜液损失的百分比为 11%～14%，而 SDHLM 中膜液损失的百分比为 0.5%～1.5%。

（4）在 Cd(Ⅱ) 和 Zn(Ⅱ) 的分离中，SDHLM 比 SLM 对 Cd(Ⅱ) 有很高的选择性并展示了较高的分离效率。

（5）SDHLM 不使用高活性表面活性剂和破乳装置，降低了设备投资成本。

文献 ［17］ 用含三烷基氧化膦（TRPO）和二(2-乙基己基)磷酸（D_2EHPA）双萃取剂的反萃分散组合液膜（一定浓度的 NaOH 溶液作反萃取相）处理模拟含 Cd(Ⅱ) 和 CN^- 的电镀厂漂洗废水。该研究有如下特点：

（1）被萃取的 Cd(Ⅱ) 和 CN^- 在漂洗料液中呈现不同的物种形式：

$$[Cd]_{total} = [Cd^{2+}] + [Cd(CN)^+] + [Cd(CN)_2] + [Cd(CN)_3^-] + [Cd(CN)_4^{2-}] \tag{7-1}$$

$$[CN^-]_{total} = [HCN] + [CN^-] + [Cd(CN)^+] + 2[Cd(CN)_2] +$$
$$3[Cd(CN)_3^-] + 4[Cd(CN)_4^{2-}] \tag{7-2}$$

（2）当液膜相仅含 TRPO 中性萃取剂时，HCN 中性分子可溶于煤油（液膜相）中，CN^- 可通过如下三种形式除去：

① 在液膜-反萃取相界面：

$$NaOH_{aq} + HCN_{aq} \longrightarrow NaCN_{aq} + H_2O_{aq}$$

② 在液膜-料液相界面：

$$Cd(CN)_{2\,aq} + TRPO_{org} \longrightarrow Cd(CN)_2 \cdot TRPO_{org}$$
$$HCN_{aq} + TRPO_{org} \longrightarrow HCN \cdot TRPO_{org}$$

其中，Cd(Ⅱ) 可通过 $Cd(CN)_2$ 除去。

图 7-3 说明，pH<5，料液中 Cd(Ⅱ) 和氰根离子（CN^-）主要以 Cd^{2+} 和 HCN 存在；pH>10，Cd(Ⅱ) 和氰根离子主要以 $Cd(CN)_3^-$ 和 $Cd(CN)_4^{2-}$ 存在；5<pH<10，Cd(Ⅱ) 和氰根离子主要以 $Cd(CN)_i^{2-i}$（$i=0$，1，2，3，4）形式存在。

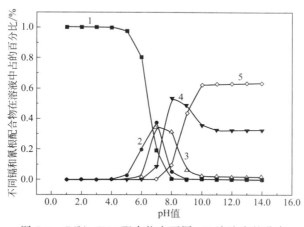

图 7-3　Cd^{2+}-CN^- 配合物在不同 pH 溶液中的分布

曲线 1：Cd^{2+}；曲线 2：$Cd(CN)^+$；曲线 3：$Cd(CN)_2$；曲线 4：$Cd(CN)_3^-$；曲线 5：$Cd(CN)_4^{2-}$

图 7-4 说明，氰根离子（CN^-）比 Cd(Ⅱ) 离子能较快地从料液相迁移至反萃取相，这不利于同时迁移、富集、回收料液中的 Cd(Ⅱ) 和 CN^-。为了提高 Cd(Ⅱ) 离子的迁移速率，在膜相中添加 D_2EHPA。图 7-4 证明，液膜相添加 D_2EHPA 后，Cd(Ⅱ) 离子的迁移速率加快，Cd(Ⅱ) 不仅以 $Cd(CN)_2$ 和 TRPO 反应，而且也以 Cd^{2+} 形式和 NaOH 溶液皂化的 D_2EHPA 反应，迁移至反萃取相-膜界面。相应在料液-膜界面发生的萃取反应如下：

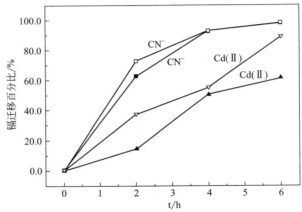

图 7-4 D_2EHPA 对 Cd(Ⅱ) 和 CN$^-$ 迁移的影响

□、▽ SDHLM 液膜相（$\rho=6\%$ TRPO，$\rho=1.5\%$ D_2EHPA，$\rho=2\%$ 石蜡煤油）；

■、▲ SDHLM 液膜相（$\rho=6\%$ TRPO，$\rho=2\%$ 石蜡煤油）；

料液相：$[CN^-]_{total}=1.16\times10^{-3}$ mol/L，$[Cd(Ⅱ)]_{total}=1.78\times10^{-4}$ mol/L 、0.05 mol/L Na$_2$SO$_4$，pH=5.5；

反萃取相：0.5 mol/L NaOH

$$Cd^{2+}_{aq}+2NaR_{org}\longrightarrow 2Na^+_{aq}+CdR_{2\,org}$$

在反萃取相-膜界面，发生的反萃反应如下：

$$CdR_{2org}+2Na^+_{aq}+4CN^-_{aq}\longrightarrow Cd(CN^-)^{2-}_{4\,aq}+2NaR_{org}$$

$$Cd(CN)_2\cdot TRPO_{org}+2CN^-_{aq}\longrightarrow Cd(CN)^{2-}_{4\,aq}+TRPO_{org}$$

$$HCN\cdot TRPO_{org}+OH^-_{aq}\longrightarrow H_2O_{aq}+CN^-_{aq}+TRPO_{org}$$

膜相添加 D_2EHPA 后，一共有两种萃取剂，即 TRPO 和 D_2EHPA。

该文献报道的正交实验表明，将 D_2EHPA 加于液膜相后，虽然 Cd(Ⅱ) 和 CN$^-$ 的迁移速率都提高，但对 Cd(Ⅱ) 的迁移速率提高更为显著，最后与 CN$^-$ 的迁移速率相匹配，实现同步迁移，使该反萃分散组合液膜能同时迁移、富集、回收料液中的 Cd(Ⅱ) 和 CN$^-$。若 CN$^-$ 迁移速率快，Cd(Ⅱ) 迁移慢，则液膜体系运转同样的时间，料液中 CN$^-$ 能达到排放要求，而料液中残留的 Cd(Ⅱ) 达不到排放标准，说明该液膜体系处理含 Cd(Ⅱ) 和 CN$^-$ 电镀漂洗废水效率低。故文献［18］针对乳状液膜体系中 D_2EHPA 定向提高 Cd(Ⅱ) 的迁移速率，使 Cd(Ⅱ) 的迁移速率与 CN$^-$ 迁移速率相匹配，而提出了"同步迁移"的理念。根据这种理念，能更好地理解该乳状液膜体系迁移 Cd(Ⅱ) 和 CN$^-$ 的总量达到了相互匹配，实现了同时迁移、富集 Cd(Ⅱ) 和 CN$^-$ 的目的。该文献指出，若使反萃取相 pH>10.5，Cd(Ⅱ) 在反萃取相中主要以 Cd(CN)$^{2-}_4$ 存在，可使反萃取相回用于电镀槽。文献［17］用实验证明，在无表面活性剂而有支撑体的反萃分散组合液膜体系中也存在"同步迁移"[18]现象。

7.1.4   含^{90}Sr 废水的处理

文献［2，19］用质量分数 $w=8\%$ 2-辛基-十二烷基苯基膦酸（C_{20} ODPPA）、$w=2\%$ 1-十二烷醇（萃取剂的改性剂）的正十二烷溶液作液膜有机相，料液相是（pH=3）含有不同活度的^{90}Sr（^{90}Sr 活度为 1×10^{-9} Ci/L）模拟废水，1mol/L HCl 作反萃取液，反萃分散相由 1mol/L HCl 和液膜有机相按体积比 1：3 搅拌混合而成，每个商业中空纤维组件直径

6.35cm，长20.3cm，含有10000根微孔聚丙烯中空纤维，孔隙率40%，孔径0.03μm，提供1.4m² 传质总面积，按照反萃分散支撑液膜技术处理含⁹⁰Sr模拟废水，处理结果见表7-6。

表7-6 C₂₀ ODPPA萃取剂萃取放射性⁹⁰Sr效果

序号	⁹⁰Sr在料液中初始活度/(pCi/L)	时间/min	⁹⁰Sr在处理后料液中活度/(pCi/L)
1	317	120	3.3
2	317	120	3.5
3	317	120	3.3
4	317①	240	4.0
5	1000①	240	5.5
6	1000①	360	1.0
7	30000	60 120	1171 352
8	30000	300	84

① 料液含有80mg/L Ca²⁺，20mg/L Mg²⁺，50mg/L Zn²⁺。

对料液含⁹⁰Sr 317～1000pCi/L，经反萃分散支撑液膜技术一次处理，放射性⁹⁰Sr降到8pCi/L排放标准以下，而反萃取液中放射性⁹⁰Sr浓缩至263000pCi/L以上（料液与反萃液体积比是9∶1），对含⁹⁰Sr 30000pCi/L的料液经第二次反萃分散支撑液膜技术处理，是可以降到排放标准8pCi/L以下的。

7.1.5 锕系和镧系放射性核素

文献［20］用含N，N，N'，N'-四辛基-3-氧戊二酰胺（N，N，N'，N'-tetraoctyl diglycolamide，TODGA）或0.1mol/L TODGA＋0.5mol/L N，N-二正己基辛酰胺［N，N-di-hexyloctanamide，DHOA（防止萃取时形成第三相）］混合萃取剂的中空纤维支撑液膜（hollow-fiber supported liquid membrane，HFSLM）处理含高压重水反应堆高强度放射性废物的模拟废水（反萃取相是蒸馏水），成功实现了镧系和锕系元素的分离和回收。表7-7列出了模拟废水的组成。

表7-7 模拟高压重水反应堆高强度放射性核素废水组成（3mol/L硝酸）

元素	浓度/(g/L)	元素	浓度/(g/L)
钠	5.50	钼	0.14
钾	0.22	铯	0.32
铬	0.12	钡	0.06
锰	0.43	镧	0.18
铁	0.72	铈	0.06
镍	0.11	镨	0.09
锶	0.03	钕	0.12
钇	0.06	钐	0.086
锆	0.004	铀	6.34

表 7-8 列出了中空纤维支撑液膜组件规格。

表 7-8　中空纤维支撑液膜组件规格（Liqui-Cel X50：2.5×8）

项目	材质或数值	项目	材质或数值
中空纤维材质	聚丙烯	管壁有效孔直径/μm	0.03
每个组件中空纤维数目/根	9950	孔隙率/%	40
中空纤维内径/μm	240	弯曲因子	2.5
中空纤维外径/μm	300	中空纤维有效长度/cm	15
中空纤维管壁厚/μm	30	有效面积/m²	1.4

图 7-5 是载体 TODGA 的结构简图。图 7-6 和图 7-7 共同显示了镧系和锕系放射性核素在中空纤维支撑液膜组件中的流动模式和在中空纤维支撑液膜中的迁移机理。在液膜相-料液相界面的主要反应：

$$M^{3+}(aq)+3NO_3^-(aq)+3TODGA(org) \rightleftharpoons M(NO_3)_3 \cdot 3TODGA(org)$$

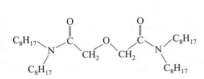

图 7-5　载体 TODGA 结构

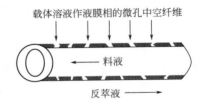

图 7-6　核素在中空纤维支撑液膜（HFSLM）组件中的流动模式

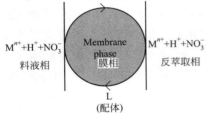

图 7-7　核素在中空纤维支撑液膜中的迁移机理

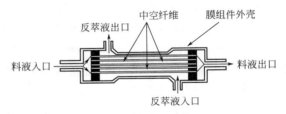

图 7-8　中空纤维膜组件

料液中的 HNO_3 在界面和 TODGA 形成加合物，如下反应所示：

$$H^+(aq)+NO_3^-(aq)+TODGA(org) \overset{K_H}{\rightleftharpoons} TODGA \cdot HNO_3(org)$$

在上式中 $K_H=4.1$，因而料液中的 HNO_3 和 M^{3+} 一样，被共萃取。用图 7-8 中空纤维膜组件迁移锕系元素镅（$A^{3+}m$），实验结果见表 7-9。

表 7-9　中空纤维支撑液膜寿命和镅（$A^{3+}m$）迁移实验数据

时间/h	镅渗透系数(P)/(10^3cm/min)	镅迁移率(10min)/%	镅迁移率(20min)/%
0.0	9.07	83.1	99.5
5	9.30	84.2	100.2
23	10.3	81.9	100.3

续表

时间/h	镅渗透系数$(P)/(10^3 cm/min)$	镅迁移率$(10min)/\%$	镅迁移率$(20min)/\%$
29	9.58	80.6	102.2
47	9.10	83.3	100.6
53	10.6	84.5	100.5
71	9.30	86.5	99.8
77	9.10	81.0	98.9
95	10.8	87.1	101.4
101	9.04	80.4	101.7

注：载体为 0.1mol/L TODGA＋0.5mol/L DHOA 溶于饱和链烃（NPH）；料液为 3.5mol/L HNO_3 并加入标准的 ^{241}Am 示踪原子（500mL）；反萃取相为蒸馏水（500mL）；流动速率为 200mL/min。

上述实验结果说明中空纤维支撑液膜处理放射性废水是可行的，但从实验室进入工厂，实际放射性废水的处理还需对中空纤维支撑液膜体系耐辐射的稳定性做深入的研究。

7.1.6 铀的回收

文献［21］用聚砜中空纤维膜组件回收铀取得了好的效果。笔者用如图 7-9 所示的三个串联的中空纤维支撑液膜组件提取铀。

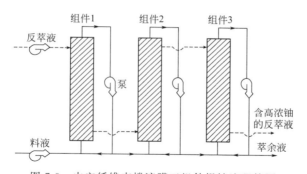

图 7-9 中空纤维支撑液膜三组件提铀流程简图

图 7-9 中，含萃取剂的液膜有机相充填组件中的中空纤维管壁的微孔，含铀料液流经中空纤维内管，而反萃液从中空纤维管外流过。料液以相同的流速从组件入口和出口流出。料液连续从第一组件下方入口进入，从顶端出口排出（经过第一次萃取），再用泵输送至第二组件下方入口，从顶端出口排出（经过第二次萃取），再用泵输至第三组件下方入口，经第三次萃取后从顶端出口排出的萃余液中的铀含量就很低了。而反萃液逆流通过三个膜组件后，最后得到含高浓度铀的反萃液。每个中空纤维支撑液膜组件的有效面积是 2.32×10^{-2} m^2，日处理能力为 7.6L 料液，料液的体积流量对反萃液的体积流量之比是 15:1。图 7-10 显示了经过中空纤维支撑液膜组件处理得到的含高浓度铀的反萃液再经后续处理得到铀黄饼工业产品。表 7-10 显示了用该工艺回收铀得

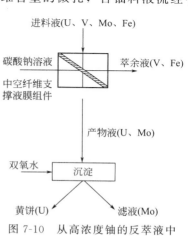

图 7-10 从高浓度铀的反萃液中制取铀黄饼工艺流程图

到的铀黄饼和合格铀黄饼的质量对比。

　　表 7-11 显示了人工配制模拟铀料液用中空纤维支撑液膜三组件提取铀后，萃余液和反萃液中各金属离子含量。表 7-12 反映了用中空纤维支撑液膜三组件提铀工艺成本核算。依据效果在进行成本估算时，主要考虑铀穿越膜的通量和 $0.1m^2$ 膜的投资费用和操作费用。铀的通量指定为单位时间内穿过每单位膜面积的铀的质量。在上述含铀 2000mg/L 进料液中提取 99% 的铀的操作条件下，铀的通量大约为 59kg/（$m^2 \cdot a$）。可算出每回收 1kg 铀其成本约为 33 美分，而离子交换和溶剂萃取法提铀的费用为 44～88 美分/kg。从数据来看，中空纤维支撑液膜组件提铀还是有竞争力的。

表 7-10　从反萃液中回收的铀黄饼和要求的合格铀黄饼组成的对比

项目	组成（质量分数）/%			
	U	V	Mo	Fe
黄饼	78	0.00	0.04	0.00
要求的合格黄饼	>60	<0.08	<0.12	无规定

表 7-11　人工配制模拟铀料液用中空纤维支撑液膜三组件提铀效果

项目	浓度/（mg/L）			
	U	V	Mo	Fe
进料液	2000	100	100	1140
萃余液	13	100	3	1140
反萃液	30000	<0.1	1500	<0.1

　　注：以 UO_2SO_4、$NaVO_3$、Na_2MoO_4、$FeSO_4$、$Fe_2(SO_4)_3$ 配制料液。料液 pH=1.0，用 H_2SO_4 调节。反萃取相是 $\rho=200g/L$ Na_2CO_3。液膜有机相是 $\varphi=30\%$ 三烷基胺（alamine 336），溶剂是烃溶剂（aromatic 150 芳香烃）。

表 7-12　中空纤维支撑液膜三组件提铀工艺成本核算

项目	每平方米（m^2）膜的年费用/美元
膜投资（25%利息、折旧等）	2.7
膜补充（按膜寿命 5 年计算）	2.2
人力和维修	2.2
试剂	12.9
总费用	20.0

7.2　生化制品分离和富集

7.2.1　发酵液中提取青霉素 G

　　青霉素 G 是一种重要的生化产品，工业上用发酵法生产。从发酵液中提取青霉素 G 有沉淀法、吸附法、离子交换法、溶剂萃取法等[22,23]。但溶剂萃取法应用较为广泛。目前工艺上成熟的是醋酸丁酯萃取工艺。该工艺以醋酸丁酯为萃取剂，同时也为溶剂，D925m 为破乳剂，用 10% H_2SO_4 调节发酵滤液的酸度，料液的 pH 值为 1.8～2.2，相比为 1/2.5～1/2，温度为 5℃，碳酸氢钾或碳酸钾水溶液为反萃剂，该工艺成熟，并配备高速离心萃取机,生产效率高,清洗方便,使用寿命长。萃取流程见图 7-11。但该工艺有如下不足:①青霉素 G 以盐形式存在是稳定的,但以游离酸形式存在是不稳定的,在该萃取工艺中,通常加酸使青霉素 G 转变成游离酸,再用醋酸丁酯萃取。但加酸后,料液 pH 值降低,青霉素 G 降解严重,提取过程中青霉素 G 损失高达 10%～15%。②醋酸丁酯在水中的溶解度为 0.7g/100mL(20℃),故溶剂用量大,回收困难。③低温操作能耗大。

针对醋酸丁酯萃取工艺的不足,文献［24-26］利用张卫东等提出的中空纤维更新液膜技术开展了提取发酵液中青霉素 G 的工艺研究。相应的工艺流程如图 7-12 所示。该工艺以二辛胺(dioctylamine,DOA)＋异辛醇＋煤油为液膜有机相,碳酸钾溶液为反萃取相,在常温条件下提取模拟发酵滤液中的青霉素 G,并对整个提取过程中的成本、能耗进行经济核算。

该液膜提取工艺具有下述特点:①中空纤维更新支撑液膜技术具有传质效率高,并能有效提高支撑液膜稳定性的优势,其原理已在第 4 章详述。②放宽了溶剂萃取中要求低温(5℃)和料液高酸度(pH＝1.8～2.2)的条件,新的工艺操作条件是室温、滤液 pH＝5～7(低酸度),这是青霉素 G 较稳定存在的操作条件,可有效降低青霉素 G 的降解损失,提高产率。③液膜有机相中添加载体二辛胺,与醋酸丁酯溶剂萃取工艺相比,能有效促进青霉素 G 的迁移,提高传质效率。同时,载体在整个传质过程中无消耗,溶剂损失也大大减少,是较清洁的提取工艺。④由于此液膜工艺中,萃取和反萃合并为一步,且在同一设备内进行,有效地减少了设备投资和设备占用的空间,省略了中间洗涤、冷却等步骤,降低了生产成本。

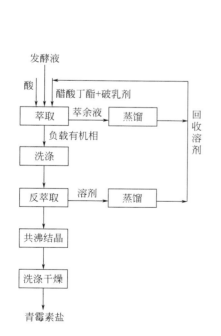

图 7-11　青霉素 G 的萃取工艺流程图

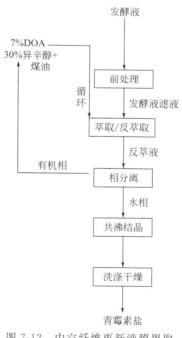

图 7-12　中空纤维更新液膜提取
青霉素 G 的工艺流程

中空纤维更新支撑液膜提取青霉素 G 经济效益评估:青霉素发酵液预处理过程,收率约为 98%,利用中空纤维更新液膜技术对初始浓度为 30000u/mL 青霉素滤液进行提取,料液中青霉素 G 去除率可达 98%,反萃取相中青霉素 G 回收率可达 91%,对富集青霉素 G 的反萃取相进行减压蒸馏结晶，该步骤青霉素 G 收率约为 92%，故新工艺提取青霉素 G 总收率约为 80%，整个提取工艺过程中青霉素 G 的降解损失很少。

以日处理 360t 青霉素发酵液为例，发酵液中青霉素浓度约为 60000u/mL。采用溶剂萃取法和中空纤维液膜更新技术分别处理该青霉素发酵液，旧工艺收率以 75% 计，新工艺首先对发酵液进行前处理，处理后发酵滤液中青霉素浓度约为 30000u/mL，按提取工艺 80% 计，如表 7-13 所列，新工艺较传统工艺的青霉素 G 年产量可增加约 198t，以市价 8 美元/十亿单位计，年可增收约 1848 万元。

表 7-13 新、旧两种提取工艺物料衡算比较

（以日处理 360t 发酵液为基准）

原料/产物	旧工艺用量/产量 /t	新工艺用量/产量 /t
发酵液（60000u/mL）	360.0	360.0
萃取剂损失量	13.1～16.3（醋酸丁酯）	7.0（$\varphi=7\%$DOA+$\varphi=30\%$异辛醇+煤油）
反萃液	36.0（2.7mol/L 碳酸钾）	140.0（0.5mol/L 碳酸钾）
水（仅考虑提取过程洗涤用水）	36.0	0.0
青霉素 G	9.8	10.4

溶剂萃取工艺中，醋酸丁酯水溶性较大，导致醋酸丁酯损失量较大。国内厂家醋酸丁酯消耗指标为 0.8～1.0kg/十亿单位青霉素 G，若暂按醋酸丁酯市场价 7500 元/t 计，仅醋酸丁酯日消耗费用为 9.8 万～12.2 万元。而新工艺中的混合萃取剂微溶于水，损失量小于发酵滤液量的 1.0%，若暂按市场价 DOA 为 35000 元/t、煤油为 4500 元/t、异辛醇为 10000元/t、混合萃取剂约为 8300 元/t 计，则新工艺中此项日消耗 5.8 万元，而且混合萃取剂微溶于水，提取过程结束后可重复使用。而溶剂萃取工艺在提取过程结束后，为了循环利用水中溶解的醋酸丁酯，需要蒸馏、提纯、回收醋酸丁酯，这是耗时、耗能、耗用人力资源的化工过程，但又在旧工艺中不能省略。

新工艺在室温下操作，和溶剂萃取工艺要求在低温（5℃）下操作相比，可极大地降低能耗。据作者衡算，每生产十亿单位青霉素 G 盐可降低能耗约 5.4×10^4 kJ，仅此能耗一项可节约 600 万元，还可省去冷却所需的固定资产的投资。

根据以上分析，中空纤维更新液膜技术从发酵液中高效提取青霉素 G 体现了传统溶剂萃取所没有的优势，值得继续深入研究。

7.2.2 回收 5-甲基-2-吡嗪羧酸

5-甲基-2-吡嗪羧酸（5-methyl-2-pyrazinecarboxylic acid，MPCA，分子式 $C_6H_5N_2O_2$，分子量 137.12）是工业上一种有价值的有机酸。含 MPCA 的废水来源于酶拆分工艺的下游加工，它含有较多的无机盐，通常废水 pH<2。MPCA 必须从废水中 16kg/m³ 至少浓缩 10 倍，达到 160kg/m³（约 1.2mol/L），才能利用未离解的 MPCA 在水中的低溶解度回收。这种含 MPCA 的废水也可用支撑液膜尝试回收。5-甲基-2-吡嗪羧酸的分子结构如图 7-13 所示。

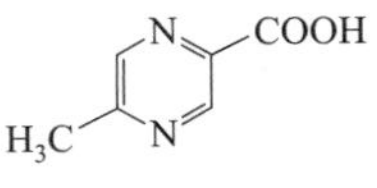

图 7-13 MPCA 分子结构

文献 [27] 回收 MPCA 的中试工厂（pilot plant）规模实验是采用

在中空纤维膜器（hollow fibre contactors）中分别进行膜基溶剂萃取（membrane-based solvent extraction，MBSE）和膜基溶剂反萃（membrane-based solvent stripping，MBSS）回收 MPCA 的。中试流程图如图 7-14（见文后彩图）所示。

从图 7-14 中可看出，在中空纤维膜器（MBSE）的中空纤维管内流动的是料液，其管外流动的是含有萃取剂的液膜溶剂相，管壁微孔是料液和液膜溶剂两相接触的界面，在此界面发生的萃取反应是：

$$2R_3N_{org} + H_2SO_{4\,aq} \longrightarrow (R_3NH)_2SO_{4\,org}$$

$$(R_3NH)_2SO_{4\,org} + 2R_1COO^-_{aq} \longrightarrow 2(R_3NH)(R_1COO^-)_{org} + SO_4^{2-}_{aq}$$

式中，org 代表有机相；aq 代表水相；R_1COO^- 为 R_1COOH（MPCA 的结构简式）中羧基的 H^+ 在水中离解后剩余的部分；R_3N 为萃取剂三正辛胺的结构简式。在中空纤维膜器（MBSS）的中空纤维管内流动的是反萃液，其管外流动的是负载 MPCA 的液膜溶剂相，管壁微孔是反萃液和负载 MPCA 的液膜溶剂相两相接触的界面，在此界面发生的反萃取反应是：

$$(R_3NH)(R_1COO^-)_{org} + OH^-_{aq} \longrightarrow R_3N_{org} + R_1COO^-_{aq} + H_2O_{aq}$$

中试工厂实验条件：

① 料液：含 0.12mol/L MPCA，1mol/L Na_2SO_4，用硫酸调节料液 pH＝2.5；

② 溶剂（液膜有机相）：0.4mol/L 三正辛胺二甲苯溶液；

③ 反萃液：0.5mol/L NaOH 溶液，通过加 10.1mol/L 的氨水使反萃液的碱度保持在 0.3mol/L 以上；

④ 中空纤维膜器是 Liqui Cel 4in×28in（Celgard，纤维有效长度 0.6m）；

⑤ 用膜基溶剂萃取（MBSE），MPCA 的收率是 90％。

7.3　分离和回收 CO_2

CO_2 是主要的温室气体之一，从燃煤排放的燃料气中分离、回收 CO_2 是控制 CO_2 排放的有效途径之一。在传统回收 CO_2 的填料塔中，CO_2 和吸收剂形成一种弱配合物存在于吸收剂的水溶液中，将这种水溶液转移至再生装置，通过加热，回收释放出的 CO_2。而吸收剂水溶液冷却后，再循环输送至吸收剂水溶液设备中，重新使用[28]。而膜气吸收技术是膜分离技术和化学吸收技术的组合[29]。图 7-15 简明地阐明了用膜气吸收技术回收燃料气中 CO_2 的原理。

图 7-16 是半工业规模膜气吸收技术分离回收 CO_2 实验流程图，所用中空纤维膜器的规格见表 7-14[29]。

表 7-14　中空纤维膜器规格

项目	数值	项目	数值
组件内径/m	0.08	纤维总数/根	7000
纤维外径/μm	442	平均孔大小/μm	0.02×0.2
纤维内径/μm	344	纤维孔隙率/%	＞45
纤维长度/m	0.8	填充密度/%	21.4
组件长度/m	1.0	膜器面积(内部)/m²	6.05

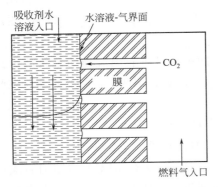

图 7-15　膜气吸收技术回收燃料气中 CO_2 原理

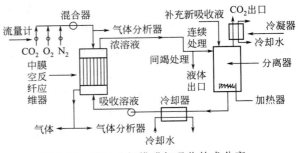

图 7-16　半工业规模膜气吸收技术分离
回收 CO_2 实验流程图

文献［29］筛选出甘氨酸钾作吸收剂，并用甘氨酸钾溶液的表面张力数据证明，甘氨酸钾溶液和单乙醇胺以及甲基二乙醇胺相比，具有较低的润湿聚丙烯中空纤维的能力，此甘氨酸钾溶液的水膜对去除 CO_2 非常有效。整体半工业规模实验证明，甘氨酸钾溶液为 $0.5mol/L$，在较佳气体流量匹配的条件下，中空纤维膜器连续运行 40h，燃料气中 CO_2 的吸收率均在 90% 以上，该体系可用于燃煤发电厂的燃料气中脱除和回收 CO_2。

7.4　SLM 分离手性物

手性是自然界的一种普遍现象，天然存在的、构成生物体的基本物质如氨基酸、糖类等也都是手性分子。由于光学活性化合物与生物活性和药物活性密切相关，因而研究有效方法分离和制备光学活性化合物具有显著的现实意义。在医药行业，已知药物中约有 30%～40% 是光学活性的手性药物。在生物的手性环境中，药物分子的手性不同会表现出截然不同的生理、药理、毒理作用。例如，多巴胺是治疗帕金森症的有效药物，临床实验证明 S-异构体有效，R-异构体则产生严重的不良反应。

制备手性药物的方法有以下 3 种。①手性源合成法：是以天然手性物质为原料合成其他手性化合物，但是天然手性物质的种类有限。②不对称合成法：是在催化剂或酶的作用下合成得到过量的单一对映体化合物的方法。但是不对称合成方法具有技术上的难度和经济上的不合算。③拆分法：是在手性助剂的作用下，将外消旋体拆分为纯对映体，而工业化的大规模的手性拆分仍是制备手性药物的关键。目前，高效液相色谱（HPLC）是拆分对映体的最有效方法，但由于成本高，此方法不适合大规模制备。膜手性拆分法是一种近年刚发展用于拆分的节能技术，它具有如下特点，如低成本、低能耗、连续不断运转模式、易于规模化。

根据膜分离和手性拆分的要求，用于手性药物拆分的膜需具备以下特征：①对对映体有较高选择性；②膜通量要大；③通量及选择性应稳定。药物通过膜的渗透是由被拆分药物在膜中的分配行为和它们在膜中的扩散速度来决定的。

手性拆分膜按形态又分为手性液膜、协助手性拆分的非手性固体膜和直接拆分的手性固体膜三个体系。

液膜分离手性物质的原理是在手性分离过程中[30,31]，液膜相中的载体（萃取剂）对某一对映异构体药物有比其他对映体更强的亲和力，基于选择性萃取的原理达到对消旋体拆分的目的。传递的驱动力来自对映异构体在膜两侧的浓度差。液膜可被分为支撑液膜、厚体液膜和乳状液膜。在各种手性拆分液膜中，选择性比较好的是使用流动载体的液体膜方法，选择的种类和程度取决于所使用的载体分子（手性选择体，CS）的性质。载体分子通常为大分子配体化合物，如冠醚、穴状配体等。

文献［31］使用 2×5（5 个萃取和 5 个反萃取）水凝胶负载的聚砜中空纤维支载液膜组件（膜器件由 124 根聚砜中空纤维膜组成，膜由天津纺织工学院提供，膜有效长度为 220mm，连接部分由环氧树脂黏合），采用自己提出的中空纤维支载液膜双有机相手性萃取方法对氧氟沙星外消旋体进行了分离，得到膜内相出口氧氟沙星对映体浓度比值约为 9.8，而同样使用了 2×5 水凝胶负载的聚砜中空纤维膜 O/W 逆流分级手性萃取对氧氟沙星外消旋体进行了萃取分离，得到膜内相出口氧氟沙星对映体浓度比值约为 3.4。支载液膜双有机相萃取可以被认为是由两个手性 O/W 液-液萃取组成（图 7-17）。有机相 1 中含 L-手性选择体，有机相 2 中含 D-手性选择体，水相中含外消旋体。

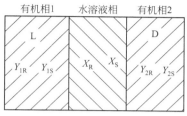

图 7-17　支载液膜双有机相
手性萃取模型

在图 7-17 中，Y_{1R}、Y_{1S} 分别为萃取平衡时有机相 1 中 R-对映体和 S-对映体的总浓度，Y_{2R} 和 Y_{2S} 分别为萃取平衡时有机相 2 中 R-对映体和 S-对映体的总浓度，X_R 和 X_S 分别为萃取平衡时水相中 R-对映体和 S-对映体的总浓度。

该文献还提出了以下研究结论：①手性液-液萃取是基于手性选择体依靠极化、诱导和氢键等多种分子间作用力或配位键与对映体生成两种非对映体的物理化学性质差异 $-\Delta(\Delta G)$ 来实现的，理论上，只要 $-\Delta(\Delta G)>0$，就可实现对映体的萃取分离。②从理论上推导了中空纤维支载液膜双有机相手性萃取能够获得几乎双倍于中空纤维膜 O/W 逆流分级手性萃取的分离推动力和分离因子。③建立了中空纤维支载液膜双有机相逆流分级手性萃取分离数学模型，对氧氟沙星对映体进行了萃取分离。中空纤维支载液膜双有机相手性萃取为外消旋体制备性分离开拓了一个新的领域，具有十分广阔的应用前景。

7.5　SLM 用于分析样品的前处理

样品前处理是目前分析化学的瓶颈，它决定样品分析速度，又是误差的重要来源。而在线样品前处理技术在高通量的自动化的样品前处理中越来越引起大家的关注。目前，在线前处理技术的一个重要发展趋势是膜分离技术的应用。

G. Audunsson[32]最早将支撑液膜（supported liquid membrane，SLM）萃取用于分析样品的预先分离富集。文献［33，34］对支撑液膜萃取的基本原理、影响萃取效率的参数以及装置进行了阐述。刘景富等根据支撑液膜富集样品中的待分析溶质，发现 SLM 仅能使用十分有限的几种有机溶剂作为液膜，而且萃取速率低，富集样品中溶质耗时长，液膜寿命短等，提出了一种圆盘形大体积连续流动液膜萃取装置与预柱在线联用的样品分离富集系统，简称连续流动液膜萃取（CFLME）技术[35-38]。图 7-18 是这种分离富集系统的流程示意图。

工作时，样品（S）和试剂（R）由蠕动泵 P1 送入混合盘管（MC1）中，再与注射泵 P3 输送的有机溶剂（O）混合，目标物在聚四氟乙烯盘管（EC）中自动被萃取，目标物以萃取物的形式存在有机相中。此混合液（含萃取物的有机相＋萃余液）流经聚四氟乙烯螺旋凹槽［聚四氟乙烯主体1，见图7-19］与聚四氟乙烯微孔膜组成的给体通道时，有机相因其疏水性自动浸润并充满聚四氟乙烯膜的微孔，此时萃取物扩散至聚四氟乙烯微孔膜和受体液（反萃液或接受相）界面而被反萃进入由聚四氟乙烯膜和聚四氟乙烯螺旋凹槽（聚四氟乙烯主体2）组成的受体通道内，受体液由蠕动泵P2输送。通过阀V1和V2的切换，保持受体液静止，而样品等供体液（供体相或donor phase）流动时，即可达到萃取富集的目的。经过一定时间富集后，将阀V1置于旁路，而阀V2处于注射位置，V3处于采样位置。打开蠕动泵P2，将富集后的溶液与中和液（N）在混合圈MC2中混合并转移到一小容器（B）中。然后，将泵P2停止，开启泵P4将该混合液转移到预柱（16mm×4.6mm）上，样品在预柱（PC）上实现第二次富集。上述操作完成后将泵P4停止，阀V3置于注射位置，由泵P5将富集在预柱上的目标分析物转移到色谱或光谱仪器（D）上进行分离测定（参考图7-19）。

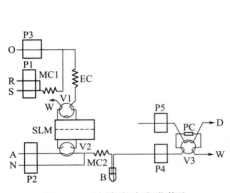

图7-18　连续流动液膜萃取
（CFLME）流程示意图

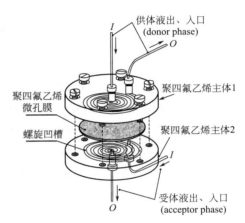

图7-19　聚四氟乙烯螺旋凹槽[39]

在上述工作原理的阐述中，聚四氟乙烯盘管（EC）包括混合盘管和萃取盘管，均为内径为$\phi0.5mm$的聚四氟乙烯管。混合盘管MC1和MC2长度一般为30～60cm，萃取盘管EC的长度依被萃取化合物而定，一般是30～300cm。

该连续流动液膜萃取技术由于使用了圆盘形大体积连续流动液膜萃取装置与预柱在线联用系统，可使用极性、非极性的易挥发、难挥发的有机溶剂作液膜进行萃取，并在较宽范围内可选择合适的有机溶剂以获得更高的萃取速率，显著降低极性化合物的检测下限。此联用系统重现性RSD≤5％，聚四氟乙烯膜可长期连续使用，该技术稳定性和重复性完全符合定量分析的要求。

整个萃取过程的动力来自离子态及非离子态的分析物在水相/有机相中分配系数之间的差异。因此，当连续不断的样品流入给体槽时，可获得高达成百上千倍的富集倍数。另外，在受体或有机溶剂（O）中加入离子对试剂或螯合试剂，SLM系统可以用来萃取始终带有电荷的化合物以及金属离子等。给体和受体的种类及酸度是影响富集效率及倍数的重要因素。其他影响因素可参考已列出的文献。

该连续流动液膜萃取（CFLME）技术可方便地与HPLC在线联用，即将SLM萃取单元的受体槽中的全部或部分溶液转移到HPLC进样阀的样品环中，再注入色谱分离检测系统；或者，将受体中的分析物转移到 HPLC 的预柱中，然后进样测定。

将液膜技术作为分析化学的预富集方法，使样品分析前的预分离富集处理方法宝库中又增加了一个新的更行之有效的手段[40,41]。文献 [41] 提出的准液膜法成功地富集了水溶液中的痕量锌（Ⅱ），降低了原子吸收光谱法的检测下限。准液膜法的特点是省去了乳状液膜分离法的制乳和破乳两步操作，将萃取和反萃取结合为一步完成，表面活性剂用量极少（$w = 0.05\% \sim 0.1\%$），液膜相、料液相、反萃取相三相的密度差别依据具体体系和富集分离效果均有特定的要求。图 7-20 是该文献用准液膜法富集模拟料液中痕量锌（Ⅱ）的实验装置（分离柱），工作原理如下。

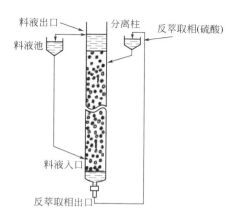

图 7-20 分离柱结构

将配制的液膜相［$4\% \sim 6\%$ 萃取剂（2-乙基己基膦酸单-2-乙基己基酯，简称 P_{507}）、$w = 0.05\% \sim 0.1\%$ 聚双丁二酰亚胺（简称上 205）的煤油-四氯化碳溶液］（密度 1.08 g/mL）注入图 7-20 的分离柱中，使其液面达到图中的反萃取相入口，此时开始用蠕动泵将反萃取相（密度为 1.16g/mL H_2SO_4）从反萃取相入口注入分离柱中，则随着反萃取相注入，原液膜相液面上升，至液面超过反萃取相入口 1cm 时，开始从料液入口将料液相［密度 1.0g/mL、0.01mol/L 乙酸-醋酸钠的含锌（Ⅱ）溶液］缓慢注入分离柱，使柱中上方油水界面处于反萃取相入口和料液出口之间，柱下方的油水界面处于料液相入口下方，料液相循环注入两次以上。停止注入料液相后，再继续循环蠕动注入反萃取相 5min，停止分层后，从分离柱底部活塞处放出反萃取相［含锌（Ⅱ）的硫酸溶液］用于分析锌浓度。

由于分离柱中三相溶液密度不同，H_2SO_4 从反萃取相入口注入和柱内液膜相接触时，由于 H_2SO_4 溶液密度最大且液膜相有表面活性剂，H_2SO_4 以油包水型液膜微滴（内包 H_2SO_4 溶液）自动下沉并在分离柱靠底部的油水界面处破裂，H_2SO_4 溶液析出，而料液以油包水型液膜微滴（内包料液）在柱中上升并在柱中上方的油水界面破裂，料液释出。在两种油包水型液膜微滴上下移动的过程中，料液中 Zn^{2+} 与萃取剂 P_{507} 反应生成配合物并溶入液膜相（有机溶液），随后又被柱中下沉的 H_2SO_4 溶液反萃取，Zn^{2+} 进入 H_2SO_4 溶液中，萃取反应和反萃取反应相互促进，整个迁移过程不受平衡条件的限制，如此连续循环料液相和反萃取相，最后达到分离富集目的。作者提出的反应方程式如下：

$$Zn^{2+}_{aq} + 2H_2A_{2\,org} \Longrightarrow Zn(HA_2)_{2\,org} + 2H^+_{aq}$$

式中，H_2A_2 为 P_{507} 的二聚体；aq 代表水相；org 代表有机相。上式正向是萃取反应，逆向是反萃取反应。

7.6 SLM 微型化

支撑液膜（SLM）的工业应用需要考虑 SLM 的选择性、稳定性、高渗透性、工艺流程的放大、运转设备的选择及协调使用等宏观上必须考虑的问题。而用 SLM 分离和富集样品中痕量的溶质时，发展快速、有效、相对环保的新型 SLM 萃取过程是十分必要的。一种有效的方法就是将传统 SLM 萃取技术实现微型化、自动化和集成化。

目前，微流控液-液萃取是将传统 SLM 萃取技术实现微型化、自动化和集成化的一个重要发展方向。在微流控芯片上，加工有微米级的通道结构，试样溶液和萃取剂通过不同的通道构型形成多相层流、液滴流等模式的微液-液界面，进而实现样品组分的萃取。微米级通道结构中形成的微液-液界面具有较大的比表面积，非常利于提高组分的萃取效率。因此，微流控液-液萃取技术不需传统 SLM 萃取的搅拌和多步重复操作就可以获得很好的分离效果，与传统 SLM 萃取技术相比，微流控液-液萃取技术的试剂和试样消耗量从几十毫升（或更大体积）降低至仅几微升甚至数皮升，萃取时间从几十分钟缩短至仅几分钟甚至数秒。由于芯片材料需耐有机溶剂，微流控液-液萃取通常在玻璃或石英材质的芯片上进行。根据微通道结构中形成液流模式的不同，可将微流控液-液萃取主要分为两大类，即微流控多相层流液-液萃取和微流控液滴液-液萃取。本节介绍的 SLM 微型化是微流控多相层流液-液萃取。SLM 微型化在 Y 形（此处不介绍）[42]、Ψ 形通道（图 7-21）构型的微流控芯片上进行。试样溶液（供体相）、萃取剂、反萃液（接受相）分别由不同支通道入口处引入，进而在主通道中汇合形成三相平行层流（水相-油相-水相）模式的微液-液界面，可开展基于支撑液膜的微流控三相层流液-液萃取的研究。

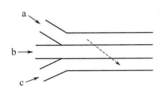

图 7-21　Ψ 形通道示意图的微流控三相层流萃取

a，b，c 分别为样品液，含萃取剂的有机相，反萃相；实线箭头为溶液流进方向；虚线箭头为样品液中目标物转移的方向

这种三相平行层流模式包括萃取和反萃取两个过程。分析物首先从试样水溶液（供体相）中转移到有机相萃取剂中完成萃取过程，然后再从有机相溶液中转移到水相萃取剂（接受相）中完成反萃取过程。这种基于支撑液膜的微流控三相层流液-液萃取技术具有更短的物质扩散距离和更大的比表面积，因而有望在更短的时间内实现更高效率的萃取。选择合适的螯合剂、离子载体和有机溶剂，可以在具有这种简单 Ψ 形通道结构的微流控芯片上尝试金属离子的分离。如果在微通道中加工微电极用于调节两相溶液的电场或界面电势差或提供萃取动力，也可以在具有 Ψ 形通道结构的微流控芯片上实现样品组分的萃取。

图 7-22（见文后彩图）是微渗透液膜迁移池 [mini permeation liquid membrane（miniPLM）cell] 横切面结构图，图 7-23 是该池的分解图[43,44]。

SLM 微型化在降低样品和试剂消耗量、缩短萃取时间、提高萃取效率、实现自动化操作等方面，已显示出对传统液-液萃取技术无可比拟的优势。随着新材料的发展、新方法的引入及新颖别致的芯片结构设计出来，这种微型化萃取技术的分析性能势必将得到进一步的提高，从而实现更广泛的应用。

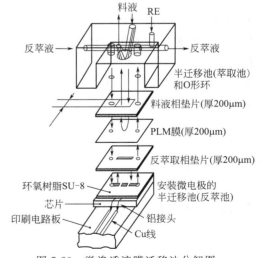

图 7-23　微渗透液膜迁移池分解图

7.7　离子液体支撑液膜在石油化工领域中的应用

7.7.1　离子液体支撑液膜分离烃类混合物——甲苯和正庚烷

当前，作为能源的石油日益紧缺，而人们对石化产品的需求日益增大。如何更有效地利用作为乙烯主要裂解原料的石脑油，将其中的芳烃和烷烃组分进行适度分离以满足多种需求，已成为石化领域中十分重要和困难的分离过程，但又是重要的研究热点之一。例如，苯和环己烷均为非极性六元环状化合物，二者化学、物理性质非常接近，能够形成恒沸体系，成为石油化工行业的典型高能耗分离体系之一。

离子液体（ionic liquids，ILs）是一种具有特殊结构和理化性质的优良溶剂，具有饱和蒸气压低、黏度高等特点，但目前价格昂贵。同时，支撑液膜作为一种新型的同级萃取反萃取过程，实现了萃取与反萃取的内耦合，所需溶剂用量较少，但有膜稳定性差的问题。如果将离子液体和支撑液膜耦合在一起形成离子液体支撑液膜，可改善液膜过程不稳定性，有效减少离子液体的使用量，降低分离成本。由于芳香族分子中苯环结构的存在使得芳烃、烷烃与离子液体之间的相互作用力存在较大差异，这为离子液体分离芳烃和烷烃提供了可能。文献 [45] 选择甲苯和正庚烷的分离为研究对象，利用由 22 根聚偏二氟乙烯（PVDF）中空纤维管自制成的中空纤维膜组件（膜总面积 $0.029m^2$）从实验上考察了（Bmim）（BF_4）、（4-Mebupy）（BF_4）和（Emim）（Tf_2N）三种离子液体作为溶剂的离子液体支撑液膜（supported ionic liquid membrane，SILM）对甲苯和正庚烷的分离可能性、工艺条件的影响、传质模型等。

研究结果表明，借助 Gaussian 03 计算软件，运用密度泛函理论（DFT）中的 B3LYP/6-31G* 方法优化（Bmim）$^+$、（4-Mebupy）$^+$、（Emim）$^+$、Toluene、n-heptane 单体结构，比较复合物（Bmim）$^+$＋Toluene、（Bmim）$^+$＋n-heptane、（4-Mebupy）$^+$＋Toluene、（4-Mebupy）$^+$＋n-heptane、（Emim）$^+$＋Toluene、（Emim）$^+$＋n-heptane 之间的计算复合能，发现（Bmim）$^+$、（4-Mebupy）$^+$、（Emim）$^+$ 三种阳离子更易与甲苯形成稳定的复合物，从而说明甲苯较正庚烷更易溶解分散在离子液体中，三种离子液体对甲苯/正庚烷有较好的萃取分离性能。实验证明，离子液体支撑液膜的稳定性良好，因离子液体的黏度随温度变化显著，提高操作温度能有效提高溶质在离子液体中的扩散速率，使得反萃取相中甲苯浓度得到明显提高，提高液膜过程对甲苯与正庚烷的分离效率。分离过程以液膜相两侧溶质浓度差为传质推动力，当料液相中甲苯初始浓度提高时有利于甲苯的传输。所建立的离子液体支撑液膜过程的传质模型与实验数据吻合较好，表明模型对实验过程具有一定的预测和指导作用。该论文报道，自制中空纤维离子液体支撑液膜组件运行 110h，甲苯和正庚烷分离因子仍维持在 10 以上，甲苯去除率为 74.7%。

7.7.2　离子液体支撑液膜用于有机溶剂脱水

工业生产中，除了有机溶剂之间的分离，还包括有机溶剂脱水纯化过程，比如各种醇/水混合物的分离等。乙醇/水混合物分离中存在共沸点，传统精馏方法在理论上无法越过共沸点，而膜分离方法能够克服这种瓶颈。在分离醇/水混合物时为了减少液膜有机相的损耗，经常先将原料蒸发，再用离子液体支撑液膜分离蒸气混合物，这样能够减少离子液体的损

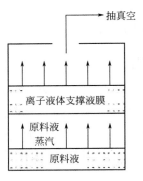

图 7-24 蒸气渗透 SILM
分离原理示意图

耗。图 7-24 显示了离子液体支撑液膜用于蒸气渗透 SILM 分离实验的原理。

吴峰等[46,47]用聚偏二氟乙烯超滤膜（PVDF）为支撑体和离子液体 [(Bmim)(PF$_6$)] 制备了离子液体填充型支撑液膜，并用于乙醇/水混合物的分离过程。该方法中首先将乙醇/水混合物蒸发，通过蒸气混合物中不同组分在离子液体支撑液膜内溶解度、扩散系数不同，实现离子液体支撑液膜分离过程选择性渗透。在 50℃ 条件下，当原料中水摩尔分数为 0.024～0.24 时，分离系数在 3.2～5.5 范围内，渗透通量稳定在 55g/(m^2·h) 附近。温度升高会导致渗透通量上升，但分离系数下降。在 140h 内支撑液膜分离性能稳定。最重要的是该方法能够克服恒沸现象带来的分离困难。对于不同的有机溶剂混合物，发挥离子液体种类众多的优势，合理选择阳离子、阴离子配对方式，开发高选择性的离子液体并制备相应的支撑液膜是推进离子液体支撑液膜工业应用的关键。

7.7.3 离子液体支撑液膜在 CO$_2$、SO$_2$ 等气体分离中的应用

全球变暖、空气污染是目前人类面临的两个重大难题。而 CO$_2$ 是造成全球变暖的罪魁祸首，SO$_2$ 是造成空气污染的主要元凶之一，因而很多学者对 CO$_2$、SO$_2$ 等酸性气体的吸收做了很多研究。其中利用离子液体作为 CO$_2$、SO$_2$ 等酸性气体的分离或吸收介质，取得了大量研究成果。表 7-15 对离子液体支撑液膜分离 CO$_2$、SO$_2$ 等酸性气体是一个很好的小结[48-52]。该表显示，离子液体具有较高的气体选择性和分离效率，加上离子液体具有热力学稳定性高、蒸气压几乎为零、离子传导能力强和不易燃等特性，使得离子液体代替有机溶剂制备支撑液膜可使溶剂损失降到最小。这样，离子液体支撑液膜在不同气体的分离和吸收中表现出较高的气体选择性和较好的气体分离效率，同时也显示出离子液体支撑液膜有缩短吸附达到平衡的时间，且吸附和解吸在同一过程中实现，膜稳定性好的巨大优势。

表 7-15 离子液体支撑液膜在气体分离中的应用

分离体系	支撑体	离子液体	温度/℃	压力差/kPa	酸性气体渗透通量/kPa	分离因子	参考文献
SO$_2$/CH$_4$	PES	[Bmim][BF$_4$]	35	20	8330	144	48
CO$_2$/He	PSF	[Hmim][Tf$_2$N]	37	108.3	860	8.7	49
CO$_2$/CH$_4$	PES	氟烷基功能化离子液体	23	19	320	19	50
CO$_2$/CH$_4$	PVDF	[Bmim][BF$_4$]	35	500	200	50	51
H$_2$S/CH$_4$	PVDF	[Bmim][BF$_4$]	35	500	950	250	51
CO$_2$/CH$_4$	PES	[Emim][Tf$_2$N]	30	19	1020	20	52
CO$_2$/N$_2$	PES	[Emim][Tf$_2$N]	30	19	1020	11	52

注：PVDF 即聚偏二氟乙烯；PES 即聚醚砜；PSF 即聚砜。

利用离子液体支撑液膜分离气体时，支撑体的厚度和孔径大小对气体的扩散、吸附都有很重要的影响。一方面，支撑体成膜机理在于毛细管作用力，小孔径可增强膜液与支撑体微

孔间的作用力从而增加膜稳定性；另一方面，孔径过小会导致阻力增大，从而降低气体透过率。膜的厚度越大，膜两侧的平均浓度梯度相应会越小，推动力越小。同时，溶质在膜中经过的路程也增加，受到的阻力增大，从而减缓传质速率。然而膜太薄时稳定性差，实际操作过程中应通过实验来确定合适的膜厚度。目前，离子液体对不同极性和非极性气体的溶解和扩散机理仍是研究热点之一。

离子液体支撑液膜分离气体时，随跨膜压差的增大，气体的渗透率增大，但在高压下离子液体会从支撑体中挤压出来或离子液体支撑液膜形状和支撑体孔径发生变形，造成膜分离性能的下降，因此 SILM 不适合在高压下从烟道气中分离捕集酸性气体。

支撑体的选择也是影响离子液体支撑液膜分离和吸收气体的选择性和分离效率的因素之一。以无机膜为支撑体制备 SILM 的例子相对较少，其渗透通量相对聚合物膜较小，但却有很明显的优势：无机膜的支撑体使得离子液体膜的力学性能更高；不受聚合物玻璃化温度的限制，使用温度主要取决于离子液体的热分解温度，因而离子液体支撑液膜可以在更高的温度下操作。与聚合物膜相比，多孔无机膜或许具有更好的应用前景。

不同离子液体充填的离子液体支撑液膜分离和吸收气体时，已观察到离子液体的阴、阳离子差异对气体的分离和吸收效率有较大的影响。因而将功能团引入到离子液体的阳离子或阴离子上，这些功能团赋予了离子液体专一的特性而与溶解于其中的溶质产生相互作用，最终实现分离富集过程的优化。另外，单体的聚合物对气体的吸附量远大于其相应的单体，将离子液体聚合制备离子液体聚合物膜将拓宽离子液体支撑液膜的研究和应用领域。有兴趣的读者可参阅文献 [53，54]。

7.8　支撑液膜制备纳米材料

纳米材料由于微粒尺度达到纳米级，且具有与体相材料截然不同的物理化学性质而越来越受到人们的重视。具有不同形貌的功能性含铅无机化合物纳米材料因为可以应用在能源存储、纳米器件、燃烧助剂等方面而得到大量制备。碱式碳酸铅是功能性铅化合物的一种，又称铅白，可用于制造白色油漆，所制油漆覆盖性好，既可单独使用，也可混合使用。工业用的碱式碳酸铅和碱式碳酸铅的单晶胶体纳米结构的合成在文献中都有报道。

支撑液膜是液膜的一种。随着纳米科技的发展，支撑液膜也被用来制备纳米材料。文献 [55] 报道，作者利用支撑液膜的高选择性、传质可控、反应条件温和、产物处理方便等特点用支撑液膜将铅离子从膜的料液侧萃取到液膜相，经过膜相扩散到达膜的反萃取侧，使其与反萃取相中相关的阴离子结合生成圆盘形的碱式碳酸铅纳米材料。该研究中支撑体是聚四氟乙烯，平均孔径 300nm。有关实验细节可继续参考文献 [55，56]。这一方法为液体中低浓度重金属离子的回收再利用做出了一种有益的尝试。

7.9　支撑液膜萃取回收高浓度煤气化含酚废水

煤气化废水中高浓度的酚类物质，严重影响了煤气化废水的处理，然而其中的酚类物质具有很高的回收价值。支撑液膜技术是一种萃取剂用量小、萃取效果好、能耗低、无二次污染的新型分离技术。这些优势使支撑液膜技术在回收处理高浓度煤气化含酚废水领域中有着广阔的发展空间。文献［57］使用如表 7-16 所列规格的膜组件进行支撑液膜萃取回收高浓度煤气化含酚废水的放大试验。

表 7-16　中空纤维膜组件结构参数

膜材料	膜壳内径	有效长度	中空纤维数目	平均孔径	有效传质面积
PP（聚丙烯）	9cm	60cm	1600 根	0.1μm	2m^2

注：操作条件为料液相酚类物质浓度 ρ＝1600～1800mg/L，料液相 pH＝7.5～8.1，料液相温度 T＝20℃，料液相体积 V_{aq}＝150L，料液相流速 100L/h；反萃取相为 0.1mol/L NaOH 溶液，反萃取相体积 V_R＝50L；液膜相成分为 φ＝20% TBP-煤油；膜组件为 3 个 2 号 PP 膜组件并联后，再串联 3 支 2 号 PP 膜组件。

实验效果：①随着膜组件串联个数的增加，支撑液膜体系的萃取效果有明显提高。两支 PP 膜组件串联时，体系运行 5h 的酚萃取效果为 87.02%，出水中酚类物质的浓度从 1600～1800mg/L 降到为 218.14mg/L，废水中的 COD 也可以同时降低 3000mg/L 左右，出水中酚类物质的浓度满足生化处理阶段的要求。该设备在放大试验中试中可以稳定运行 24h 以上，且出水水质稳定。②使用支撑液膜体系对煤气化废水进行回收处理，相对传统的酚类物质回收精制工艺会减少脱酚制酚钠盐、酚钠盐精制两个流程，大大减少了项目的建造投资费用。

经济核算：每处理 1t 高浓度煤气化含酚废水的运行效益分析见表 7-17。

表 7-17　支撑液膜体系运行成本分析（2013 年 6 月）

项目	消耗量（或产量）	单价	成本（收益）
磷酸三丁酯	0.096L/t 废水	11.6 元/L	1.11 元
煤油	0.384L/t 废水	2.94 元/L	1.13 元
NaOH	1.6kg/t 废水	2100 元/t	3.36 元
电能	1.2kW·h/t 废水	0.7 元/(kW·h)	0.84 元
粗酚	1.66kg/t 废水	7000 元/t	11.62 元
总计			5.18 元

表 7-17 显示的成本：11.62－（1.11＋1.13＋3.36＋0.84）＝5.18（元）。收支相抵，略有结余。从环境效益考虑，经支撑液膜技术回收处理高浓度煤气化含酚废水后，回收了粗酚，而且废水 COD 浓度降低 3000mg/L，COD 浓度的降低减轻了废水生化处理阶段的负荷，有利于煤气化废水的整体处理效果。因此，支撑液膜技术可以提高煤气化废水的出水水质，减少环境污染，提升环境质量。

7.10　支撑液膜驱动化学平衡的移动

手性胺是工业上重要的产品，它是运用转氨酶催化不对称合成制得的。然而，要达到高的产率要求合成时不断驱使化学平衡移动，造成化学反应远离化学反应平衡点，使转氨酶催化不对称合成化学反应连续地向反应生成生成物的方向进行。文献［58］采用中空纤维支撑液膜和固定床反应器联用成功地达到在转氨酶催化不对称合成时驱使化学平衡的移动。这种使化学平衡移动的方法就是利用中空纤维支撑液膜连续地萃取手性胺产品［相当于将反应体系中产品（MBA）转移到反应体系外］，降低了体系中手性胺产品（MBA）的浓度，并成功地移动（S）-α-甲基苄胺（MBA）不对称合成中的化学平衡，使 MBA 的不对称合成化学

反应的转化率达到 98%，而没有运用中空纤维支撑液膜连续萃取的 MBA 的不对称合成化学反应的转化率只有 50%。

<h1 style="text-align:center">参 考 文 献</h1>

[1]　Winston Ho W S, Lexington K Y. US6350419. 2002-02-26.

[2]　Winston Ho W S, Lexington K Y. US6328782. 2001-12-11.

[3]　Winston Ho W S. Removal and Recovery of Metals and Other Materials by Supported Liquid membranes with strip Dispersion [J]. Ann N Y Acad Sci, 2003, 984: 97-122.

[4]　Jacoby M. Norman Li wins perkin Medal [J]. Chem Eng News, 2000, 3: 60-61.

[5]　Winston Ho W S, Poddar T K. New Membrane Technology for Removal and Recovery of chromium from Waste Waters [J]. Environ Progr, 2001, 20 (1): 44-52.

[6]　Yang Qian, Kocherginsky N M. Copper recovery and spent ammoniacal etchant regeneration based on hollow fiber supported liquid membrane technology: From bench-scale to pilot-scale tests [J]. Journal of Membrane Science, 2006, 286: 301-309.

[7]　Valenzuela F R, Basualto C, Tapia C, et al. Recovery of copper from leaching residual solutions by means of a hollow-fiber membrane extractor [J]. Minerals Engineering, 1996, 9 (1): 15-22.

[8]　He Dingsheng, Ma Ming, Zhao Zhenghu. Transport of cadmium ions through a liquid membrane containing amine extractants as carriers [J]. Journal of Membrane Science, 2000, 169 (1): 53-59.

[9]　He Dingsheng, Ma Ming. Kinetics of cadmium (II) transport through a liquid membrane containing tricapryl amine in xylene [J]. Separation Science and Technology, 2000, 35 (10): 1573-1585.

[10]　He Dingsheng, Ma Ming. Effect of paraffin and surfactant on coupled transport of cadmium (II) ions through liquid membranes [J]. Hydrometallurgy, 2000, 56 (2): 157-170.

[11]　He Dingsheng, Liu Xingfang, Ma Ming. Transfer of Cd (II) Chloride Species by a Tri-n-octylamine – Secondary Octyl Alcohol – Kerosene Multimembrane Hybrid System [J]. Solvent Extraction and Ion Exchange, 2004, 22 (3): 491-510.

[12]　Liu Xingfang, He Dingsheng, Ma Ming. Transfer and separation of Cd (II) chloride species from Fe (III) by a hybrid liquid membrane containing tri-n-octylamine-secondary octylalcohol-kerosene [J]. Chemical Engineering Journal, 2007, 133: 265-272.

[13]　何鼎胜, 马铭, 王艳. 三正辛胺-二甲苯液膜迁移 Cd (II) 的研究 [J]. 高等学校化学学报, 2000, 4: 605-608.

[14]　刘新芳, 何鼎胜, 马铭, 等. 三正辛胺-仲辛醇-煤油组合液膜分离镉锌的研究 [J]. 无机化学学报, 2003, 12: 1295-1300.

[15]　何鼎胜, 马铭, 王艳, 等. N_{235} 二甲苯-醋酸铵-液膜体系萃取 Cd (II) 的研究 [J]. 无机化学学报, 2000, 6: 893-898.

[16]　Gu Shuxiang, Yu Yuanda, He Dingsheng, et al. Comparison of transport and separation of Cd (II) between strip dispersion hybrid liquid membrane (SDHLM) and supported liquid membrane (SLM) using tri-n-octylamine as carrier [J]. Separation and Purification Technology, 2006, 51: 277 – 284.

[17]　He Dingsheng, Gu Shuxiang, Ming Ma. Simultaneous removal and recovery of cadmium (II) and CN⁻ from simulated electroplating rinse wastewater by a strip dispersion hybrid liquid membrane (SDHLM) containing double carrier [J]. J Membra Sci, 2007, 305: 36-47.

[18]　张秀娟, 黄平瑜. 液膜分离中同步迁移概念的建立 [J]. 化工学报, 1988, 5: 570-577.

[19]　Winston Ho W S. Strontium Removal by New Alkyl Phenylphosphonic Acids in Supported Liquid Membranes with Strip Dispersion [J]. Ind Eng Chem Res, 2002, 41: 381-388.

[20]　Seraj A Ansari, Prasanta K Mohapatra, Vijay K Manchanda. Recovery of Actinides and Lanthanides from High-Level Waste Using Hollow-Fiber Supported Liquid Membrane with TODGA as the Carrier [J]. Ind Eng Chem Res, 2009, 48: 8605 – 8612.

[21] Babcock W C，Baker R W，Kelly D J，et al. Coupled transport membranes for uranium recovery [J]. ISEC' 80，Membrane Extraction Session，12：80-90.

[22] Yakhkind M I，Tarantseva K R，Marynova M A et al. Advances in Medicine and Biology [M]. Nova Science Publishers，2014.

[23] Lazarova Z，Syska b B，K. Schügerl. Application of large-scale hollow fiber membrane contactors for simultaneous extractive removal and stripping of penicillin G [J]. J Membra Sci，2002，202：151-164.

[24] 李晶，任钟旗，张卫东. 中空纤维更新液膜技术提取发酵液中青霉素的经济效益评价 [J]. 中国科技论文在线，2009，4（6）：404-408.

[25] 任钟旗，吕元元，张卫东. 青霉素提取工艺的研究 [J]. 中国科技论文在线，2007，2（12）：893-896.

[26] Ren Zhongqi，Zhang Weidong，Lv Yuanyuan，et al. Simultaneous Extraction and Concentration of Penicillin G by Hollow Fiber Renewal Liquid Membrane [J]. Biotechnol. Prog，2009，25（2）：468-475.

[27] Schlosser S，Kertész R，Marták J. Recovery and separation of organic acids by membrane-based solvent extraction and pertraction ? An overview with a case study on recovery of MPCA [J]. Separation and Purification Technology，2005，41：237-266.

[28] San Román M F，Bringas E，Iba n̈ez R，et al. Liquid membrane technology：fundamentals and review of its applications [J]. J Chem Technol Biotechnol，2010，85：2-10.

[29] Yan Shuiping，Fang Mengxiang，Zhang Weifeng，et al. Experimental study on the separation of CO_2 from flue gas using hollow fiber membrane contactors without wetting [J]. Fuel Processing Technology，2007，88：501-511.

[30] 戴荣继，苏彩莲，佟斌，等. 膜拆分法分离制备手性药物 [J]. 膜科学与技术，26（3）：84-89.

[31] 唐课文. 药物对映体手性萃取及支载液膜分离理论与应用研究 [D]. 长沙：中南大学，2003.

[32] Audunsson G. Aqueous/Aqueous Extraction by Means of a Liquid Membrane for Sample Cleanup and Preconcentration of Amines in a Flow System [J]. Anal Chem，1986，58：2714-2723.

[33] Jönsson J Å，Mathiasson L. Liquid membrane extraction in analytical sample preparation：Ⅰ. Principles Trends [J]. Anal Chem，1999，18：318-325.

[34] Jönsson J Å，Mathiasson L. Liquid membrane extraction in analytical sample preparation：Ⅱ. Applications Trends [J]. Anal Chem，1999，18：325-334.

[35] 刘景富，江桂斌. 膜分离样品前处理技术 [J]. 分析化学，2004，10：1389-1394.

[36] 刘景富，江桂斌. CN1370991A. 2002-9-25.

[37] Liu J，Chao J，Jiang G. Continuous flow liquid membrane extraction：a novel automatic trace-enrichment technique based on continuous flow liquid – liquid extraction combined with supported liquid membrane [J]. Anal Chim Acta，2002，455：93-101.

[38] Liu J，Chao J，Wen M，et al. Automatic trace-enrichment of bisphenol A by a novel continuous flow liquid membrane extraction technique [J]. J Sep Sci，2001，24：874-878.

[39] Namiesˇnik J，Zabiegała B，Kot-Wasik A，et al. Passive sampling and/or extraction techniques in environmental analysis：A review [J]. Anal Bioanal Chem，2005，381：279-301.

[40] 徐书绅，李永涛，田健. 分析化学中液膜富集方法的研究——痕量锰的液膜分离富集与火焰原子吸收光谱法测定 [J]. 分析化学，1989，17（11）：1028-1030.

[41] 李永涛，张维祥，顾景贤，等. 准液膜分离富集痕量锌方法的研究 [J]. 分析化学，1991，19（8）：914-916.

[42] Sato K，Tokeshi M，Sawada T，et al. Molecular Transport between Two Phases in a Microchannel [J]. Anal Sci，2000，16（5）：455-456.

[43] Salau1n P，Buffle J. Integrated Microanalytical System Coupling Permeation Liquid Membrane and Voltammetry for Trace Metal Speciation. Theory and Applications [J]. Anal Chem，2004，76：31-39.

[44] Tatsuo Maruyama，Hironari Matsushita，Jun-ichi Uchida，et al. Liquid Membrane Operations in a Microfluidic Device for Selective Separation of Metal Ions [J]. Anal Chem，2004，76：4495-4500.

[45] 冯浩. 离子液体支撑液膜分离甲苯和正庚烷的研究 [D]. 北京：北京化工大学，2012.

［46］　吴锋，王保国．离子液体充填型支撑液膜分离乙醇/水混合物［J］．膜科学与技术，2008，28：68-70．

［47］　王保国，彭勇，吴锋，等．一种新型离子流体支撑液膜的制备和应用［P］．CN200710063060.8，2007-01-15．

［48］　Jiang Y Y，Zhou Z，Jiao Z，et al. SO₂ gas separation using supported ionic　liquid　membranes［J］. J Phys Chem B，2007，111：5058-5061．

［49］　Ilconich J，Myers C，Henry Pennline，et al. Experimental investigation of the permeability and selectivity of supported ionic liquid membranes for CO_2/He separation at temperature up to125 ℃［J］. Journal of Membrane Science，2006，280：948-956．

［50］　Bara J E，Gabriel C F，Carlisle T K，et al. Gas separation in fluoroalkyl-functionalized　room-temperature ionic liquids using supported liquid membranes［J］. Chemical Engineering Journal，2009，147：43-50．

［51］　Park Y I，Kim B S，Byun Y H，et al. Preparation of supported ionic liquid membranes (SILMS) for the removal of acidic gases from crude natural gas［J］. Desalination，2009，236：342-348．

［52］　Scovazzo P，Kieft J，Finan D A，et al. Gasseparation using non-hexafluorophosphate［PF6］-anion supported ionic liquid membranes［J］. Journal of Membrane Science，2004，238：57-63．

［53］　沈江南，阮慧敏，吴东柱，等．离子液体支撑液膜的研究及应用进展［J］．化工进展，2009，28：2092-2098．

［54］　李雪辉，赵东滨，费兆福，等．离子液体的功能化及其应用［J］．中国科学 B 辑（化学），2006，36：151-196．

［55］　Chen Qingchun，Deng Huiyu. 2011 AASRI Conference on Artificial Intelligence and Industry Application（AASRI-AIIA 2011）．

［56］　Sun D，Wu Q，Ding Y. Fabrication of Cu_7S_4 nano-crystals with supported liquid membrane［J］. J Inorg Mater，2004，19（3）：487-491．

［57］　杜子威．支撑液膜萃取回收高浓度煤气化含酚废水研究［D］．哈尔滨：哈尔滨工业大学，2013．

［58］　Gustav Rehn，Patrick Adlercreutz，Carl Grey. Supported liquid membrane as a novel tool for driving the equilibrium of ω-transaminase catalyzed asymmetric synthesis［J］. Journal of Biotechnology，2014，179：50-55．

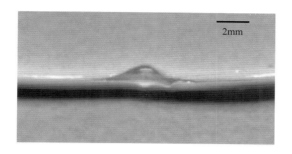

图 4-26　中空纤维破裂（rapture）

图 4-27　中空纤维坍塌（collapse）（纵截面）

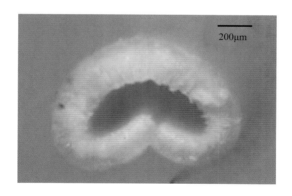

图 4-28　中空纤维坍塌（横截面）

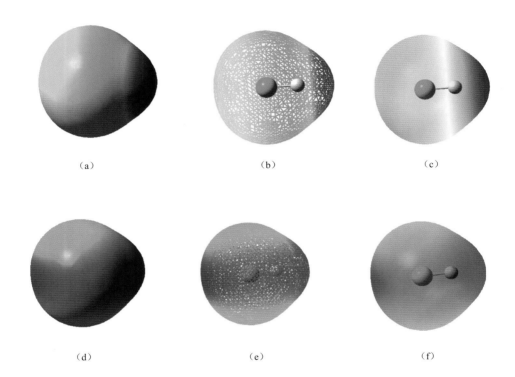

图 6-2　氯化氢福井函数（绿球：Cl；灰色小球：H）

$f^+(r)$：（a）、（b）、（c）；

从（a）至（c）依次是实体、网格、透明体；

$f^-(r)$：（d）、（e）、（f）；

色彩刻度：-3.672×10^{-4}（红色，负电荷）$\sim 2.672 \times 10^{-4}$（蓝色，正电荷）

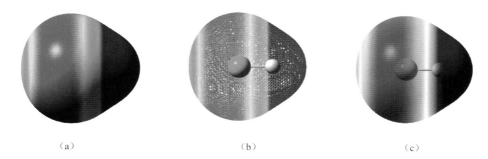

（a） （b） （c）

图 6-6　氯化氢静电势分布（绿球：Cl；灰色小球：H）

从（a）至（c）依次显示实体、网格、透明体；等值面：0.001

彩色色阶：-1.538×10^{-2}（红色，负电荷）～ 1.538×10^{-2}（蓝色，正电荷）

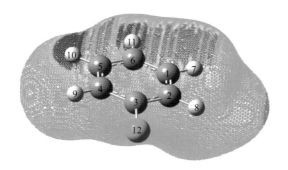

图 6-7　氯苯双描述符填色图（绿球：Cl；灰色小球：H；灰色大球：C）

等值面：0.001

彩色色阶：-4.000×10^{-2}（红色，负电荷）～ 4.000×10^{-2}（蓝色，正电荷）

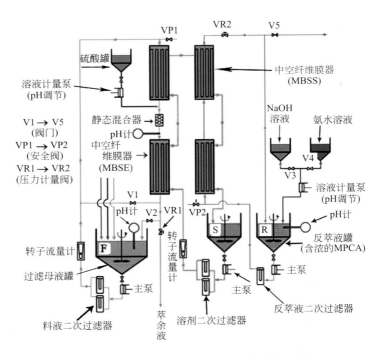

图 7-14 从母液中回收 MPCA 的中试流程图

S—再生溶剂罐；F—料液相；R—反萃取相

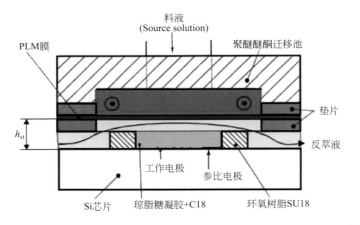

图 7-22 微渗透液膜迁移池结构简图（横切面）

PLM：聚丙烯 Celgard 2500；

$h_{st} = (480 \pm 20) \mu m$